挫折复原力

Resilienz

Die unentdeckte Fähigkeit der wirklich Erfolgreichen

成功者都具备的隐藏素质

[德] 丹尼斯·穆蓝纳（Denis Mourlane）\著

王丹若\译

北京时代华文书局

图书在版编目（CIP）数据

挫折复原力 : 成功者都具备的隐藏素质 / 丹尼斯•穆蓝纳 (Denis Mourlane) 著 ;
王丹若译 . -- 北京 : 北京时代华文书局, 2019.3
书名原文 : Resilienz
ISBN 978-7-5699-2975-1

Ⅰ. ①挫… Ⅱ. ①丹… ②王… Ⅲ. ①挫折（心理学）—通俗读物 Ⅳ. ①B842.6-49

中国版本图书馆 CIP 数据核字 (2019) 第 047234 号

版权登记号：01-2015-1780

挫折复原力：成功者都具备的隐藏素质
Cuozhe Fuyuan Li : Chenggong Zhe Dou Jubei De Yincang Suzhi

著　　者 | [德] 丹尼斯•穆蓝纳
译　　者 | 王丹若

出 版 人 | 王训海
责任编辑 | 周　磊　邹　红
装帧设计 | 谢元明　赵芝英
责任印制 | 刘　银

出版发行 | 北京时代华文书局 http://www.bjsdsj.com.cn
北京市东城区安定门外大街 138 号皇城国际大厦 A 座 8 楼
邮编：100011　电话：010-64267955　64267677
印　　刷 | 固安县京平诚乾印刷有限公司　0316-6170166
（如发现印装质量问题，请与印刷厂联系调换）
开　　本 | 880mm×1230mm　1/32　印　张 | 7.25　字　数 | 171 千字
版　　次 | 2019 年 5 月第 1 版　印　次 | 2019 年 5 月第 1 次印刷
书　　号 | ISBN 978-7-5699-2975-1
定　　价 | 45.00 元

推荐序

前德国橄榄球国家队队长说在前面的话

——穆斯塔法·君格（Mustafa Güngör）

几年前，我与丹尼斯相识并通过他第一次接触到“挫折复原力”这一概念。那时，我是德国15人制橄榄球队队长，正代表德国出战15人橄榄球队甲组的淘汰赛。3天后即将进行小组赛的最后一场，与西班牙国家队进行比赛。在之前的小组赛里，我们的球队战绩不佳，几乎输掉了所有的比赛，这意味着迎战西班牙队的比赛将异常艰难。若想保住球队的赛级不被降级，我们必须得领先对手足足12分。当时的主教练鲁道夫·芬斯特（Rudolf Finsterer）尽其所能，全力支持国家队。当我们被告知，我们将和一位心理咨询师、一位退役橄榄球运动员共同训练30个小时的时候，队员们的反应各不相同——很多曾在国外和心理咨询师共事过的老队友大呼赞同，但也有略欠经验的球员直白地表达：“我们根本不需要心理学家！”我的立场其实比较中立，无论如何这都不会带来什么坏处嘛。于是，我开始对与这个心理咨询师相见有些期待，也很好奇，他究竟能给我们带来什么。

初次见面，丹尼斯用两个非常简单的问题成功破冰，开始了这次团队活动。首先，他让我们回忆自己曾经获得最好成绩的比赛，并让我们思考，自己当时之所以能表现得那样出色，是该归功于球技、体能，还是心理状态？接下来，他又让我们回想一场糟糕透顶的比赛，并请我们说出比赛失败的原因。根据我们给出的答案显示，高达八成的球员认为成败的关键全在他们当时的心理状态。

我们的教练对于“运动心理学”这一领域知之甚少，就更不用说我们这些队员了。但是，我们也清楚地知道，除了自身体能、技术和作战策略之外，确实有一些因素在决定着一场比赛的胜负——我们和教练称之为“心理强度”或“赢家心态”，而且并非每位运动员都有这种心理特质。当然，如果运动员的体能或者技术不佳，那么即使他拥有这种心态也很难赢得高水平的比赛，反之亦然。如果一个球员，乃至整支球队都有出色的体能、技术与战略，却心理强度不佳，那么他们也无法在比赛中胜出。根据我自身的比赛经验，我清楚地知道，在橄榄球这种对速度要求极高的比赛中，有丝毫的迟疑或者闪失，没在瞬间做出正确判断，就可能会失球而让对手赢得一球。我们要像在很多其他要求速度的比赛中一样，在刹那间做出准确的判断。在我看来，心态对一场比赛胜负的决定作用至少占到了百分之五十的比例。

德国篮球教练德克·鲍尔曼（Dirk Bauermann）曾在2011年接受《南德意志报》的采访时也说过像我这样的话。德克·维尔纳·诺维茨基（Dirk Nowitzki）率领球队夺得NBA冠军时也在采访中曾清楚地讲明了这个道理。诺维茨基在七回合总决赛最后一场开始时表现得很不理想，记者在采访当时德国队的主教练鲍尔曼时向他提问，在这场关键的比赛中，诺维茨基给他留下较深的印象是什么？鲍尔曼回答说：“是诺维茨基强大的心理素质让他在经历了上半场球赛低落的表现之后耐心地等待，最终找回了自己的节奏。这并不容易，诺维茨基很沉稳，在如此强压下这绝对是了不起的能力。”

从我的角度来看，这就是“挫折复原力”，它也是本书要向你介绍的内容。这样一种心理特质，不只是关乎成败，也可以让个体在困难的情形下、在重重压力的考验下，保持沉稳、镇定，一如既往地相信自己和自己的能力。我经常在脑海中回想我所认识的那些优秀的橄榄球运动员，有与我并肩作战的队友，也有曾经赛场上的对手，事实确实如此。如果要说他们的共性，就是他们都能保持沉着冷静，然后逆转比赛局势，奋起直追。

无论是对于我，还是对于整个团队来说，认识到自己拥有超强的挫折复原力都是极其重要的。“否则，你们根本打不出现在的水平”，丹尼斯这样说。每一个竞技运动员都期待自己能表现得更好，所以对他们来说能够知晓有一些不同的因素——比如我们的乐观精神、对情绪的控制，或者目标的设定就能让我们有所超越，而且这些影响因素完全可以通过训练得到提高，那么他们一定很感兴趣。人们都期待一个特别的、甚至前所未闻的方法来改善自己的专业表现，但当他们知道，能让我们超越自己、提升挫折复原力的办法都是一些很简单的事时，也许会有些许的失望。不过，这些方法无论如何都值得一试。比如，面对一场艰难的比赛时，不该把注意力放在对手的优势和自己的短板上，而该回想自己的强项，那些自己曾有优秀表现的辉煌时刻，这样就能激发运动员正面、积极的能量。比赛时让自己只沉浸在比赛中，心无旁骛很重要。要只关注此时此刻的活动，不让自己受到任何沮丧或者骄傲自满情绪的干扰。而中场休息时间，运动员也要学会忘记比赛的压力，让自己的头脑、身心短暂的休息，这样比赛时身体和大脑都能处于最佳状态。此外，参赛的运动员也应提醒自己，输赢并不是比赛的全部意义所在，能发挥出自己的最好的水平，自信满意地走下球场也一样重要。这样的心态往往能帮助球员赢得即使是最高级别的比赛。在我看来，这就是"挫折复原力"，它不仅影响着体育竞技运动，在求学、职场和生活等方面一样有着重要的影响力。

以上的这些也是我至今仍清楚地记得"挫折复原力"这一主题的原因。橄榄球在德国算不上热门的体育运动，但是我在青少年时期经历的训练对我的人生有关键的影响。橄榄球就像人生的一门功课，这跟很多体育项目相似。在这其中，人们不仅学习掌握技巧，也学会了克服自身的恐惧，作为团体的一部分在艰难时刻团结一致。因此，在这样的训练下，人们也学会了如何"获得真正成功的人生"。当我有机会仔细阅读，并思考本书中提到的七个挫折复原力要素时，我发现这与我在橄榄球中所学到的知识不谋而合。在橄榄球运动中，我们要求青少年学习团队精神，帮助、支持队友的同时，培养自己的同理心，学会控制自己的行为。因为一词一句、一个微小的动作被判离场，最后都有可能让球队输掉比赛。我们还会培养运动员分析、解读比赛的能力，让他们准确地找出比赛居于下风或者失败的原因：球赛失利是因为裁判判罚有误，还是我还可以再争取一下，做得更好？我也是不公的受害者，是否该主动担负起输球的责任？我们想让球员更加乐观、自信，希望他们明白，可以通过自己的行动和敢于冒险的勇气为球队带来决定性的贡献。他们要紧握的不仅是手里的球，也是自己的人生。我们也希望，年轻的球员们能为球赛和自己的人生都设立目标，用自律与自信——而非骄傲——前后一贯地坚持达成这些目标。总之，我们希望能够提升青少年的挫折复原力，让他们在未来不仅成为优秀的新生代球员，也成长为幸福、成功的成年人。

后来，我们在和西班牙那场比赛中发挥得很好，在赛场上几乎追上了悬殊的比分差距，甚至在比赛接近尾声时小有领先，但最终还是以微弱的差距落败并降级。而后，丹尼斯出任了由我担任队长的德国国家七人橄榄球队（奥运会赛制）心理辅导教练一职。2011年，得益于丹尼斯对我们在挫折复原力方面的指导与训练，在海德堡举行的橄榄球比赛中我们戏剧性地逆转获胜，最终出乎意料地重新晋级欧洲国家杯第一级别联赛。到了2012年，我们已经具备相当高度的专业水准，并在一级联赛中稳定地保住了席位。

你即将在这本书中读到的内容也许并不全是新知识，但是这些心理学知识却会让你在面对竞技比赛和生活问题时拥有一个全新的策略与方向感。这也是这本书除了带给你有趣的知识外，最重要的意义所在。

那么，就请大家跟随本书的作者，踏上这场有趣且有益的“挫折复原力”学习之旅吧！

前言

前所未有的高度自由

坦白来说，当我站在这片生我养我的土地上，看着周围来来往往的人群时，我真实地体会到了这个国家所带给人民的幸福感。或者，我们可以夸张地说，现在西方国家的公民的生活水平已经达到了最理想的状态。我们有完善的教育体系，即使贫困家庭的孩子也能获得教育的机会；我们有完好的医疗保障系统，即使处于艰难的生活境况，也能获得保障；我们有更多的职业选择，即使辞掉一份工作也能很快再就业。一切刚开始的时候，人们对这样的生活和环境感到满足，每个人的脸上都洋溢着笑容，他们勤勤恳恳，他们认真生活。我原以为日子会这样长久地幸福下去，社会越发展、科技越进步，人们会越幸福和满足，但事实是，人们慢慢忘却了自己的初心，他们关心的不再是生活的美好，而是物质的不足。他们把注意力放在了邻居的新车、同事的升职、新出的手机和昂贵的奢侈品上，这些原本用来消遣和娱乐的工具渐渐成了我们生活的“主人”。

我们虽然过着优越的生活，但是大部分人都患上了心理疾病，比如焦虑症，再比如，抑郁。国家虽然为人民创造了成功的外在条件，但是幸福的内核却需要我们自己去找寻。其实我们几乎拥有所有需要的东西，这些东西足以让我们满怀希望地面对未来。但现实是，我们似乎变得越来越忧郁，越来越无望。德国法兰克福学派哲学家埃里希·弗洛姆（Erich Fromm）在他的著作《占有还是存在》（*Haben oder Sein*）中，针对当下社会有着这样的论断："我们这些现代人总是高度关注'占有'的东西，到后来才发现，人生除了占有，还是'存在'的过程。"

提到人的"存在"，可能你会像我一样，马上想到笛卡尔的名句"我思故我在"。请允许我稍微偏离笛卡尔的这句思辨的名言，我想讨论的是现代心理学一项重要的研究成果——我们思考的方式真真切切地影响着我们的存在状态。如果有人正身陷困境，暂时无法改变现状，那么他会觉得自己是受害者，并且以这样的心态去生活，去和身边的人相处。久而久之，困境不再是一时的，而是一世的。与之相反，有些人在相似的境遇下能快速重整他的生活，自我激励，变困境为机遇。美国福特公司创始人亨利·福特（Henry Ford）对此深有感悟，他曾说："无论你认为自己行还是不行，都是对的。"无数现实的例子可以向我们证明，这些不同的态度与个体实际经历的境况或者受到命运的考验并无关系，关键在你自己。

为何在我们所生活的社会中会出现上述这样的深刻矛盾的现象？又为何近几十年我们明明努力创造了各种外在条件来让自己感受幸福

和成功，然而结果却适得其反？很多学者用现代社会的“复杂与动力”来解释这一切，我以往同大部分人一样，对这个观点表示绝对的认同，但有了更多的人生经历以后，我的想法发生了改变。我认为，并不是现代社会的“复杂与动力”让我们倍感压力，而是那些人们过去从未获得过的高度自由让我们迷失了自己，失去了初心。

怎么会这样呢？因为现在所有机会和大门都向人们敞开，个体的失败只能归因于我们自身没有在现有资源的基础上做到最好，再也没有对妇女的压制、企业内的专制结构、大规模的社会性歧视或者战争这样的外在因素能够让我们推卸责任。正如奥地利心理学家维克多·弗兰克尔（Viktor Frankl）所说的那样：“人类最后的自由就是我们可以选择对待事物的态度。”与上述那些不公正的对待相比，“自由”这一概念就有了完全不同的、更丰富的维度。

我们从未像现在这样，能如此自由地打造和决定自己人生的幸福或是不幸。相应地，人们也要进一步拓展自我、树立全新的自我意识。奥地利动物行为学家康拉德·劳伦兹（Konrad Lorenz）如是说：“从猿猴到人类的演化阶段，这就是现在的我们。”

自我意识，就是指个人觉得自己所拥有的一切足以获得幸福，而且能抵御那些媒体与外在环境所宣扬的价值观对个人的冲击。人们应关注生命的充实多于关注效益，就像德国心理学教授沃尔夫冈·罗特（Wolfgang Roth）所说的那样：“要拯救人类世界，已不再是人类思考和行动的效益问题，而是要更多地关注生命的充实。不依赖于当下社会主流的消费文化，我们想要实现自我（作为人类，区别于动物），需要的到底是什么？”然而，当我们带着满满的勇气和乐观，坚定地在生活给予的千百万种可能中选定了一条自己的路，这样的自我意识也并不保证你的选择没有错误的风险。

古希腊哲学家爱比克泰德（Epiktet）早在近2000年前就提出过这样的哲学观点：“影响人们的不是那些事物本身，而是人们看待事物的角度。”因此，许多人会把这种自由看成沉重的负担，而非人生的机遇。甚至也有不在少数的人，想要重回那个选择较少的时代。那样的时代虽然少有选择的机会，但生活至少有明确的方向。也许你脑中偶尔也会闪过这样的念头，但是我真的不希望你长期抱着这样不切实际的想法生活。

当今的年轻人怎样才能知道哪一条路才是适合自己的呢？是不是该理所当然地按照外界每天给我灌输的模式，去走一条大多数人都选择的路？媒体每天不停地向我们狂轰乱炸，指挥着年轻人要这样要那样，才能拥有快乐成功的人生。在这样的引导下，我们这个时代的英雄不是那些投身于服务公众的人物，而是像苹果公司创始人史蒂夫·乔布斯（Steve Jobs）、脸书（Facebook）的首席执行官马克·艾略特·扎克伯格（Mark Elliot Zuckerberg）以及各大上市公司董事长这些上了杂志封面朝你微笑的企业家。

我们总是盲目地追逐，模仿这些成功的企业家，被他们的法拉利跑车、私人飞机和昂贵的定制西装迷得炫目。然后，直到某一刻，我们才发现这条路行不通。我们忽略了内心深处的某些诉求，或者发现自己的行为危害到他人，到最后，已经失去了对自己、对生活的控制，又或许我们已精疲力尽。在这一时刻忽然发现这条路自己已无法再继续下去，也不知道自己究竟在做些什么，为何要这样做，以后又要朝哪个方向前行。这里有一些我作为心理咨询师常遇到的案例：他们深感挫败，找不到自己的方向，有些甚至像四脚朝天动弹不得的甲虫，再或者装死以自保，逃避现实。这无尽的选择自由让他们彻底屈服，不再为自己做任何尝试和努力。有些人甚至因为无法在众多保险政策中找到适合自己的，就选择置自己于无养老保险的险境中。这些人经常是自己所遭遇的不幸的塑造者，却并不自知，而这一切都不会增强他们的自我意识。我们的每一个决定，都难免隐藏错误的风险。选择越多，错误的可能性也越大。这样的规律也许就解释了为何全世界有千百万男女依旧保持单身。他们并不是没有选择的机会，而正是因为选择的机会太多，自身总期望着完美先生或者完美小姐就在下一个路口等着他们。但在几十年之前，这样多的婚配机会是没有的，过多选择的自由也与当时社会普遍存在的行为规范和价值标准相悖。

试问，这种困境要如何解决？为了让自己生活得更幸福，我们能迫使时光倒流吗？还是该限制选择的可能性与选择的自由？依我看，这些都行不通。活在当下，我们必须学习面对和处理好这种自由，视它为一种契机，让自己找到全新的、不一样的自我意识。

“挫折复原力”在这样的现代社会中正好可以发挥强大的助益，因为拥有强大挫折复原力的人显示出许多优秀的心理特质，他们能带着坚定的信心、从容淡定，有强大的自我意识、勇气、仁爱之心，能高度一致并自律地迎接现代生活带来的挑战。这些人不会盲目乐观地相信自己可以达成所有目标，而是平实地相信挫折与失败是人生的一部分，这些事物不会摧毁他们的自我意识，而是不断提供学习和进步可能的源泉，会引导他们下次换种方式做得更好。在这个过程中，他们会与他人交流、取经，辨识出什么是真正重要的东西，什么是他们的优势。有了这些经验做基础，他们便可以减少失败的可能，选择一条可以让他们得到“真正成功”的道路。同时，他们还能获得更强烈的自我意识，当他们暮年回首往事时，能对自己说：“你所做到的这些，真的很棒!”

请允许我在这里大胆预言，由凯伦·莱维奇（Karen Reivich）博士和安德鲁·莎特（Andrew Shatté）博士提出的挫折复原值（Resilience Quotient，RQ）将会在未来数年内与智商（Intelligence Quotient，IQ）、情商（Emotional Quotient，EQ）一样重要。RQ不仅对个体很重要，对于企业来说也意义重大。许多企业和机构比从前任何时候都更加需要能够对自我充分负责的员工，企业内部为了增强员工的主动性，也在遵循这样的培训目标。全球化给我们每个个体和企业所带来的既有机遇，也有风险与威胁。它让某些企业能够快速开拓新市场，也让一些企业在竞争中面临被淘汰的境遇。只有那些具备强大挫折复原力的企业才能积极地利用市场的发展，立于不败之地。下面，我要提出我的第二个大胆预言，“挫折复原力”这一主题很快就将不只局限于员工心理健康辅导这一初期范围，而是被更广泛地应用在招聘和员工能力拓展领域，同时影响企业文化。这是为什么？因为一个具有强大挫折复原力的员工，肯定也拥有高度的自我意识，那么他就不会像一个高度依赖于上级指示或夸奖的员工那样轻易地被别人左右。

这本书的第一个特色，就是用通俗易懂的语言让读者了解“挫折复原力”。为了让这本书更易被理解与接受，我几乎在这里放弃了科学研究的写作方式。

这本书的第二个特色，就是以知名人士作为阐释和讲解“挫折复原力”的案例，在这些人身上至少具备一到两个，甚至全部挫折复原力的优秀特质。当然，我也并不完全认识所有这些大人物，对他们的了解大多还是来自他们的传记和新闻资料。但是，也请你不要认为我是何等的天真，竟然能仅仅用传记资料来证明挫折复原力对个体和社会的重要性。作为心理学的科学研究者，我本身重视通则性的研究方法，即以多个案例的实证作为基础，以实验作为检验来确认最后假设有效性的研究方法；同时，我也知道个别性研究方法的重要性，通过这种方法我们可以详细观察某个个案并思考：如果某人在某种情况下可以成功或者做出这样的反应，为何我不能？而且我的处境比他还要更好一些。在此，我想特别引用维克多·弗兰克尔教授的一段话：“有几个人用他们的行动证明，集中营的遭遇可以剥夺被关押者的很多东西，唯独一样无法被剥夺——人类最后的自由，就是在已给定的环境下选择自己态度的自由。”弗兰克尔教授是纳粹大屠杀的幸存者，他在集中营虽然经历了惨绝人寰的苦难，却依旧保持了难能可贵的气度。

本书得以撰稿成型，还要得益于美国“挫折适应学习系统”（Frustration Adaptive Learning Systems）机构以及我个人长期积累的经验。在过去的十多年里，心理学的科学研究和无数的心理辅导训练经验已经证明，“挫折复原力”是可以通过训练得到切实提升的。这些结论当然不只来自我们自己的经验，也基于数十年来挫折复原力领域和相关学科的研究成果，比如神经生物学、高疗效的认知行为疗法（Effective cognitive behavioral therapy），以及理性情绪行为疗法（Rational emotional behavior therapy）。

你或许会在本书中发现一些乍看很简单或者索然无味的内容，请你放心，结果并非这样！美国发展心理学家安·玛斯滕（Ann Masten）教授曾在德国《明镜周刊》精彩并贴切地描述“挫折复原力”：“挫折复原力最让人惊奇的，就是看似很‘平常’的能力。思考、欢笑、期望、行动、求助、接受帮助以及赋予生活意义，这些能力看似平常，但可惜这看似平常的能力并不那么容易。”

目　录
CONTETNS

第三章　获得真正成功的基本条件

第四章　提升你的挫折复原力——值得一试的10种技巧

第五章　乔布斯的挫折复原力如何？

第六章　不写结语，说说我的祝愿

CHAPTER 1

第一章

具有非凡挫折复原力的典范

01 抵达凤凰城

2009年7月，我和我工作室的合作伙伴莱侯德·布莱斯（Reinhold Presiss）一起搭乘飞机，历经14个小时长途跋涉的飞行，前往美国亚利桑那州凤凰城，而这期间我们还因为转机在达拉斯的午夜时分等候了三个小时，我们抵达时的疲惫程度不难想象。我当时无论如何都没有想到，在这样一座炙烤的高温之城，我会被“挫折复原力”这一主题深深吸引。我的伙伴，莱侯德，最初是他想到要与美国开发“挫折适应学习系统”的机构建立合作。这家机构在企业心理咨询方面非常有名，也处于行业内的领先地位。莱侯德在一开始就对合作满心热情，充满了期待。我清楚地知道，他对这套训练方法如此关注，绝不仅仅是出于商人敏锐的职业嗅觉认为这是一个很好的商机。我在这样的一次尝试中也看到了拓展工作室咨询服务客源的机会，也许这次合作会让我借助这一新的主题在德国企业员工以及组织架构发展咨询领域找到自己的定位。

此前，我们已与“挫折适应学习系统”的两位负责人——迪安 · M. 贝克尔（Dean M. Becker）、安德鲁 · 莎特博士约定好，于抵达的第二天在酒店做初次碰面。在接下来的几天中，他们将向我们介绍“挫折复原力”这一领域的专业知识和训练方法。我那时真是既兴奋又忐忑，因为首先我的英语真的该好好提高一下，而且我知道，这家机构的负责人安德鲁 · 莎特博士在国际知名的心理学教授阿朗 · 贝克（Aaron Beck）和马丁 · 塞利格曼（Martin Seligman）的团队中研究“挫折复原力”这一主题长达十年之久。作为一名认知行为治疗学领域的心理学硕士学位获得者，贝克和塞利格曼两位学者在我心中一直是当代心理学的先驱，他们所开创的心理学理论和方法在当今世界所有高校中都在讲授、学习。

我知道后来安德鲁 · 莎特离开了大学，和迪安 · M. 贝克尔一起对塞利格曼先生团队创建的培训方法进行了十余年的修改，并使其充分地应用在了企业咨询与培训方面。安德鲁最初跟我说的关于“挫折复原力”的那些话，我仍记忆犹新：“丹尼斯，挫折复原力不只是一种心理训练，也不仅仅是一种培训教育。它超越了其他的技巧，决定着一个人能否获得成功、是否健康，又幸福与否。”

当时，我对这话半信半疑。作为一名受到过专业教育的心理学家，我从未听说过，在德国也没有人知晓，有一种能力会使人变得幸福、健康和成功。这会不会是典型的美式营销手段?

现在，三年过去了，我不再困惑，而是对安德鲁的话深信不疑。

因为，我已经在从事个人及团体挫折复原力训练的过程中亲自验证了这些话的真实性，我自身就变得比以前更健康、快乐和成功。我们几个合作伙伴之间，迪安、安德鲁、莱侯德和我，已经建立了深厚的友谊，我们也共同努力在美国和欧洲推广挫折复原力训练。也正是出于这个原因，才有了你现在看到的这本书。

我很期待你能在这本书中学习到一些心理学专业知识，也了解到挫折适应学习系统的知识信息。本书的第三章“获得真正成功的基本条件”和第四章“提升你的挫折复原力——值得一试的10种技巧”等章节将不断提到挫折适应学习系统培训方式与运用的经验。此外，由凯伦·莱维奇博士和安德鲁·莎特博士合著的《适应力因素》（*The Resilience Factor*）一书为我在这方面提供了重要的知识基础。在此，我要特别感谢贝克尔和安德鲁给予我的信任和将我们紧密联结的这份亲密友谊。我还要对我的同事莱侯德表达谢意，感谢他以超群的眼光，如此超前地看到了隐藏在人类内心世界的那种强大的力量——“挫折复原力”。

02 最黑暗的心理风暴

请你认真地这样想象一个场景，你正自己孤身一人站在一艘帆船上。作为一位优秀且经验丰富的船员，你曾许多次成功地避开过海上猛烈的风暴。几个小时前，你遭遇了一场最恐怖的惊涛骇浪：9~10级的飓风、8米高的巨浪，夜幕降临了，一切都是冰冷的，好几次差点翻了船。在这黑暗的、冰冷的，情况恶劣并且危险时时会降临的大海上，你完全失去了方向。此时的你已疲惫不堪，身体完全筋疲力尽，因为20个小时以来你都没能合过眼。最糟糕的是，你发觉内心有一股绝望和想要放弃的念头弥漫开来。其实你早知道这种感觉会来到，因为这样的感受也曾出现在以前遇到风暴时。之前那几次你都会激励自己说："风暴会过去的"，或者"再撑几个小时就好了"。所以直到现在，你每次都能成功地将这种绝望的感觉赶走，与困难作斗争，并且战胜它。但慢慢地，你却发现，无论如何，你的最后一丝精神力量和身体力量都在渐渐消失，绝望的感觉在你的心里蔓延。你开始对自己说一些这样的话：“也许我早就劳累过度了”，“都怪自己”，“都是自己太草率了，现在遭到报应了吧”。或者，“就这样吧”。除了绝望，恐惧也向你袭来。现在，若想将这一波波围绕着你，并且在你心中生了根的恐慌压制下去的话，你必须付出极大的努力。但是形势严峻，一切努力看起来都已经没有希望了。

忽然，你抬头仰望，一开始你并不相信自己的眼睛。你忽然看到在两股巨浪之间，靠近海岸线的那边有一束光。你想看个清楚，并等待下一波海浪把你推向高处，好再一次观望到这束光。事实上，你发现这束温暖的光正是由几海里开外的一座灯塔照射出来的，这束光可以指引你到下一个安全的港口。你感觉你的精神又振作了起来，你再也感觉不到劳累，无尽的活力在你身体中迸发出来，绝望和恐惧突然被希望、乐观和动力所取代。你不知道这股力量从何而来，但你知道，最多一个小时之后，你就能到达那座安全的港湾！

03 黑暗风暴中的灯塔

维克多·弗兰克尔和他传奇的一生，对于许多正面临着心理上的黑暗风暴的人来说就像是这座灯塔。弗兰克尔是一名犹太裔临床心理学教授。1942年，他与他的妻子、父母一同被纳粹逮捕并且被送往特列钦集中营。1943年，他的父亲在那里过世，他的母亲在奥斯维辛集中营的毒气室中惨遭杀害，他的妻子则死于贝尔根·贝尔森集中营。维克多·弗兰克尔独自一人经历了特列钦集中营、奥斯维辛集中营以及达豪集中营的迫害，最后终于在1945年4月27日被美军解救了出来。在被解救出不久之后，他就在把他在集中营的遭遇撰写成书——《无论如何都要对生活说Yes！一位心理学家的集中营经历》。弗兰克尔用了很短的时间，就写完了这本书，最终这本书在全球畅销并被翻译成26种语言，其中在美国发行的译本标题为《活出生命的意义》（*Man's Search for Meaning*），当时的销售量达到了九百万册。

弗兰克尔的这本书以及他个人的经历是最让人惊叹的挫折复原力的例证：人类的精神和意志竟可以达到这样的程度。这种精神和心理上的强韧，在弗兰克尔对于自己以及其他一些少数的幸存者能够幸免于难的原因分析中也得到特别的彰显。

弗兰克尔在书中提到的第一个，也是最重要的幸存原因，并不是人性的韧性，而是幸运。如果人们再一次仔细观看关于他的报道，人们就会发现，除了幸运女神的眷顾，幸存下来的许多人也显示出具有很强的挫折复原力的特征。因此，他描述的这样一些人，因拥有远大目标力争活下去，而有更大生存下来的可能性。他曾在集中营里下定决心，被释放后要把当时的经历以及获得的经验详细地讲述给他的学生听。他也曾在自己的脑海中想象过一个场景，一个他能够为他现在所受的痛苦赋予意义的场景。对于其他人来说，他们期盼有朝一日与家人团聚的场面，这样，现在的痛苦就没有白挨，他们也就有了活下去的理由。弗兰克尔在书中形象地指出，正是那些有着不现实的目标的人才更会面临死去的危险。弗兰克尔也是基于这样的事实，描述了1944年圣诞节至新年期间的那次大量被关押者的死亡。那时许多人定下了目标，希望在圣诞时能够重新回到家里。这个目标确实给了他们活下去的力量并加强了他们存活下去的愿望。但是，当他们意识到残忍的真相时，他们最后还残余的那一丝丝力量就被生生夺走了。

弗兰克尔还在自己身上发现了另一种“心理策略”，就是让自己退回到自身内心世界中。在那里，他能够感受到已不在人世的妻子的爱与温暖。在那里，他就如同和家人仍然在一起一样。这些章节是整本书中最感人的一些段落。弗兰克尔还发现，那些保有现实乐观心态的被关押者拥有更大的幸存可能，即使这乐观心态只是当他们发现汤里有一小块土豆，也能为第二天带来一些积极的情绪。一天晚上，弗兰克尔与一起被关押的人聊天，在聊天中他将他的这种想法传达给了其他人。所有在集中营里的被关押者，不只是他，都知道那些大喊着"我的生活已经没什么盼头了"的人能活下去的概率真的很小。

弗兰克尔所提出的最令人印象深刻的观点就是，人们总能够或多或少地在自身处境中发现活下去的意义，没有哪种局面会不给人一丝希望。曾亲历集中营生活的弗兰克尔最有资格将这样的体会传播给别人，这样的一个认知也一直伴随着弗兰克尔漫长、成功并且富有意义的余生。而且，这种认知在其几乎所有关于人生意义的书中都得以体现。在他极其有效的心理疗法中，如意识治疗中也可以看得到这种认识的影子。对于弗兰克尔来说，他将这种处境看作一种实验并且成功地找到了意义。作为一位科学家，弗兰克尔获得了在极端情况下体验并研究人类行为的机会。在他的书中，他再一次描写了与一位共同被关押者的对话。这位被关押者认为，他自己确定要承受所有的痛苦，这样他的家人和后代就再也不需要承受了。通过这种认识他找到了继续活下去的意义，并且再一次获得力量去承受这一切。弗兰克尔将这种认识称作"带着尊严承受痛苦"，也将其看作生活给我们带来的挑战。维克多·弗兰克尔引用了俄国作家陀思妥耶夫斯基（Fjodor Michailowitsch Dostojewski）的一句话，它再贴切不过地说明了这个道理：“我只担心一件事，我怕我配不上自己所受的苦难。”

弗兰克尔也意识到，在集中营里，即使人们受到那些最不人道的伤害，还是会有一些人保卫着自己最后的一份尊严。这份尊严保护着他们，没有人能够从他们那儿夺取这最后一份尊严，即内心最后的自由。弗兰克尔也从这个观点发展出他很著名的论断——“人类最后的自由，就是在已给定的环境下选择自己态度的自由。”

人们可以站在这个角度来讲述其他几百万被关押者的故事，也可以让被关押者向人们讲述他们的故事：他们是如何克服这种极度绝望的心理，他们又是如何摆脱这种处境并最终战胜了它。他们也许能够说明，人类自身蕴含了多么不可思议的力量。这种能力是一个具有强大挫折复原力的人所具备的最重要特征之一，同时，它也体现了一个人如何在历尽挫折之后，在未知的情况下或者面对巨大压力时，尽可能地积极、乐观并且目标明确地生活下去的能力。

在此，我想请你再考虑一下，你认识的人中有没有人也曾经成功地克服过这样一种艰难的处境，他是如何渡过这个难关？或许更直截了当一些：你自己有没有在生活中遇到过什么艰难的时期，它又激发了你身体里哪一种潜在的能力，使你成功渡过难关呢？这只是能让你发现自己挫折复原力的第一步，在未来的生活中，希望你能够更加有意识地将其与你所追求的目标相结合。

04 真正成功人士的隐藏素质

也许你买这本书是因为被书的副标题所吸引——成功者都具备的隐藏素质。也许你会想：挫折复原力？还从来没听过，但如果这意味着还从来没有人了解的某些能力能让我更加成功，为什么不呢？我们生活在一个人人都用事业和金钱来衡量成功与否的社会当中。一个成功人士应该拥有许多金钱、一位迷人的伴侣，身边围绕着豪车、定制家具、苹果产品等诸如此类的高档所有物，并且会去一座花销极其昂贵的海岛度假，如毛里求斯或者塞舌尔群岛。如果这就是你所追求的成功，并且你也是为此而选择购买这本书的话，我只能说，这本书会对你有所启发，但绝不会成为你赚钱的工具书。

现在，我想打断一下你的思绪。我原本想把这本书的副标题定为“获得成功的基本条件”，但是经过慎重的思考，我觉得“成功者都具备的隐藏素质”更符合文章想要表达的内涵。为什么要这样写呢？当你去翻阅语源学词典时，“成功”这个词条的解释就是：关于一个有目的性的行为或者一件事（所追求）的结果。也就是说，通常来讲这个概念描述的是一个动作完成时预期达到的结果。就比如我们想要在一家知名企业谋得一席，就要申请应聘这个职位，通过人事审核并且得到了这份工作，这代表我们获得了成功。在德语中，“成功”（Erfolg）这个名词和动词“实现”（erfolgen）的来源一致。另外，我们在英语和法语中也发现了“success”和“succès”这两个名词与其动词之间的联系。这样就可以说明，成功就是我们所做的某件事的结果。我们平常人抑或是那些拥有强大挫折复原力的人，都在用自己的方式给自己立下目标，并且都会采取一种积极和正确的行动方式以达到目标，获得成功。

我们可以从心理学的研究获悉，人们为了达到目标所做的努力与成功所获得的正面价值是息息相关的，所以，很少有人会把彩票中奖也看作一个人的成功。我们虽然有中彩票这样的愿望和目标，并且为了达到目标付出了相应的努力（只有参与购买彩票，才能获胜），但是，即使是选中了那几个幸运数字，实现了愿望也并不是因为你努力了，而是因为你幸运。所以这样的人只能被称为幸运儿，而不能被形容为成功人士。这与一个来自德国足球甲级联赛的足球运动员们10：0踢赢一个第四级别联赛球队成员们的情况一样，他一定不会像3：0踢赢一个同样来自甲级联赛的成员们那么高兴。毕竟双方球队此时面对的挑战与付出的努力都不在一条水平线上。

那么我写上面这些话，就是出于一个非常简单的理由：在你像如今大多数人那样开启征途之前，我想请你扪心自问，你是想要“获得成功”，还是“想要一个成功的人生”呢？

两者看似差别不大，这其中的差别实际却是非常巨大的。特别是当人们的职业生涯即将结束时他们会注意到，虽然他们在事业上获得了成功，但是却感觉并没有活出一个精彩的人生。原因可能是，他们并没有把心思放在照顾家庭上，也并没有找到生活的乐趣。或者，他们不断地损害了自己和他人的身体健康。而那些事业上取得巨大成就的人，却常感到他们就如被鞭策一般，一直工作，不肯停下脚步。又或者是那些事业已经非常成功，然而却能够找到比他更胜一筹的人，这样的人他们永远深陷在一种不满足感中：“女友生日我送了她一枚价值十几万元的戒指。”“真的吗？我可是送了我妻子一架属于她自己的私人喷气式飞机呢。”

但是，千万不要误解我。我本身也是一个好胜心非常强的人，事业上的成功对我来说意义重大。可同时我也知道，那些极度看中事业成功的人，往往会在人到中年时感到精力耗尽、精神萎靡甚至患上抑郁症。为了让自己脱离这样的泥沼，他们也许会暂停自己的工作去做冥想，或者去寺院寻求心灵的平和与清净。因为他们已经丢失了努力获取成功的目标。

金钱并不一定让人幸福，但也一定不会让人不快乐。这其中的道理与“事业成功”是一样的。两者都是重要的社会因素，它们不仅对我们的幸福舒适感起到了决定性的影响，更是证明了一个人在如此短暂的时间内谱写了如此成功的人生篇章。就是这样，没错，这就是我们为什么快乐的源泉。但是，它也是我们为什么不幸福的原因。特别是当我们不知道，更确切地说，是当我们不清楚或未曾想清楚，自己究竟要什么的时候。

在许多人看来，那些拥有强大挫折复原力的人能够以一种特别的方式，同时做到事业与生活双丰收。其实，他们是通过采用丰富多彩的生活机制和态度获得成功的。他们不断地在给自己立下新的富有挑战性的目标，但这又绝不是被动的、被鞭策的，而是因为新的目标实实在在地给他们带来了快乐，并且让他们在自己所做的工作中找到了意义。此外，他们在家庭、朋友和兴趣爱好上也投入了许多，这些工作之外的事情为他们在挑战中注入更强有力的能量，让他们更有信心地去接受挑战。此外，他们也懂得让他们高速运作的大脑从日常的繁杂中脱离出来，哪怕是开个几分钟的“小差”，休息一下。在取得成就后，他们也能有意识地享受成功，自我赞赏、骄傲并且为取得的成就心怀感激。

CHAPTER 2

第二章

你的挫折复原力指数有多高?

01 挫折复原力，你当然拥有

人们在面对困境和挫折时会有不同的应对方式，也会产生不同的结果。实际上，大部分人都拥有挫折复原力并且有能力独自应对挫折，只有很小一部分人会在经历严重创伤之后精神紊乱，需要来自外界，比如顾问或者心理学家的帮助。这也许要归咎于人类的进化，我们那不太具有挫折复原力的祖先们经历自然选择后被淘汰。因为他们不具备经历挫折后重新站起来的能力，而只是沮丧地呆坐在那里。所以，你不要再怀疑自己是否拥有挫折复原力，而是要问自己的挫折复原力有多强，并且在什么处境下你的这种能力能被更好地激发出来。研究表明，人的挫折复原力会因为他的经历不同而发生变化。比方说，当一个人在极短的时间内经历了许多重大的挫折，那么就算他拥有强大的挫折复原力，这种能力也会在一段时间内受到限制。同样，也会有一些人，在面对工作时拥有非凡的挫折复原力，然而他们却在处理私人问题时感到困难。接下来，我们就来谈一谈这种与情境相关的挫折复原力。当你想要继续提升你自己的挫折复原力时，有一点很重要，你要清楚，在哪些情境下，你较高的挫折复原力会助你一臂之力。

02 以海绵为例

请你想象，自己手里正握着一块海绵，或者更好的办法是，你的手边就有一块儿海绵，然后，你立刻将它拿起来。海绵可能是干的或者是湿的，这无所谓。现在你将它紧紧握在手中，将它捏得越小越好。接着，你可以将它扔在地上踩，再将它往墙上扔，你也可以对着它大骂。然后，你重新审视下这块海绵，你可以确认，它在刚刚很短的时间内改变了形状，但是现在，在经历了你的那些揉捏踩踏后，这块海绵看起来还是像原来一样。挫折复原力的概念，就如这个海绵的例子一样，都源自物理学，它描述了一种物体在受力之后恢复原样的能力。对于人类而言，这种能力就是人们在处于压力状态下、经历磨难后以及面对未知时，是否能够很快重新振作起来、集中精力、乐观面对，并且是否能够在一个极度艰难的处境中找到积极的、正面的意义的能力。你将在本书接下来的内容中了解到，挫折复原力这个概念的意义远比它表面上看起来的定义要丰富、深远得多。

常有人问我，那些具有非凡挫折复原力的人是否情感麻木。或者他们会问，书中这个海绵的例子是否能作为一个很好的类比，因为拥有坚韧品质的人不可能如海绵那般感知麻木。恰恰相反：就如海绵被外力挤压所变形一样，那些拥有强大挫折复原力的人也会接收负面的情绪，比如恐惧、悲伤或愧疚，从而变得“扭曲”，但是接下来他们会比其他人更快地找到方法来恢复积极正面的情绪。

在我看来，德国国家足球队运动员托马斯·穆勒（Thomas Müller），就是一个拥有强大挫折复原力的典型人物。在《法兰克福汇报》2010年12月刊登的一次采访中，穆勒被记者问及他的强项是什么时，他回答说：“身为一名职业球员，整场比赛从第一分钟到最后第九十分钟我都拼尽全力……我最大的强项就是只要没取得胜利，我就不会放弃。我会一直尝试，就算我要射门十五次，但只要有一次成功，那比分就会锁定在1：0。”

毫无疑问，托马斯·穆勒的速度与球技都是一流的，但他并没有将其视作他最大的强项。他认为，他不会在挫折面前失去战斗的勇气，并且一直寻找机会突破的能力才是他最大的强项，这也就是所谓的挫折复原力。在2010年世界杯上，穆勒虽然还是一名年轻的、未谙世事的国家队球员，但最终抱得了世界杯金靴奖。我不能不负责地说他的成功全是因为挫折复原力，但至少这个例子向我们揭示了这其中必然的某种联系。让我们再次回忆2012年的欧冠杯，德国败于意大利的那场半决赛。也许你还记得那个场景，穆勒坐在替补席上，将头深埋在毛巾里，颤抖着大声恸哭。这里可以证明前文所提到的一个观点：与人们普遍的刻板印象不同，具有强大挫折复原力的人往往很敏感并且懂得释放情绪。正是这点能够令他们以积极健康的心态面对挫折，重新整装出发。

因此，我总是要求参加球队培训的队员们思考，他们认识的人当中哪些是拥有强大的挫折复原力以及心理抗压能力的。这些成员在刚开始时往往对挫折复原力背后的含义只有一个模糊的认识，我之所以提出这个问题，是因为一个拥有强大挫折复原力的人在日常生活中会有什么表现，这也是个很有趣的问题。如果这类人在没有受到挫折或压力的挑战时，我们又要如何去辨识出他们呢？我向身边的很多人提出过这样的问题，而最后，我得到了几乎一样的答案，它们很好地说明了我们应从哪些方面辨认出这些拥有强大挫折复原力的人：

* 他们焕发着乐观、自信的光彩。

* 他们判断力强，并且随时准备着对于一些特殊情况做出全面的分析。

* 他们从总体看来很稳定并坚持自我。

* 他们很镇定。

* 他们有明确的目标在眼前，并且坚持不懈、严于律己地追随着自己的目标。

* 他们可以与别人感同身受，并且可以保留自己既定的想法，倾听别人。

* 他们有幽默感，接受本是生活一部分的那些阴暗面。

你觉得以上内容哪些有道理呢？你自己又具备哪些特质呢？

03 挫折复原力的研究之始

挫折复原力这个概念是借由美国心理学家艾美·维尔纳（Emmy Werner）的一项研究被广泛了解的。在长达超过40年的时间里，维尔纳一直致力于观察1955年在美国夏威夷群岛之一——考艾岛上出生的698名儿童，她先后进行了六项调查。这位心理学家尤其关注这其中201位弱势儿童的发展，他们从出生起就遭遇到了较高的成长风险，比如父母贫穷、分娩并发症、父母教育水平低下或者家庭不和谐。糟糕的是，大约三分之二的儿童长大后都像他们的父母一样变得消极，这201名儿童中的129名都早在10岁时就表现出了严重的行为或学习障碍，18岁之前就触犯过法律或者早孕。令人欣慰的是，仍有三分之一的儿童，在没有研究者的干涉条件下长大，成了幸福成功并且乐观的成年人。在研究的最后一次调查时，也就是在他们40岁时，他们就拥有了丰富多样的人生计划。这项研究向我们揭示了两项重要因素：

（1）在相同的环境下成长的个体，可能会由于特殊的个性特点和行为方式，获得截然不同的发展。

（2）挫折复原力和其他因素相比，比如智力，是完全不同的，它可以进一步提高。在这项研究结束之后，那些成长遭受风险的研究对象接受了特殊的训练，因此他们更好地掌控了自己的人生。这一点我们也可以通过自己切身的经历来确认挫折复原力的力量，那些经历也会再一次向我们证明，通过特殊的培训和指导，许多研究对象的挫折复原力将得到提升，从而令他们获得成功和幸福。为此，我们传授人们方法与技巧，这在英语中被称为“skills”，这些方法对于形成挫折复原力的七个要素有着积极的影响，而这七个要素便是成就一个有坚韧毅力的人的重要特质。

04 七大挫折复原力要素

七大挫折复原力要素是由美国研究者，凯伦·莱维奇博士和安德鲁·莎特博士在他们的《适应力因素》一书中率先提出的。他们的研究结果依据宾夕法尼亚大学多年的研究和许多其他研究小组的工作成果得出，也建立在两人十多年来进行培训所获得的宝贵经验上。在德语国家，这些因素被称之为“挫折复原力的七大支柱”。为了不让那些早就熟知这七个因素的读者们误解，我想在这里特别强调，虽然莱维奇和莎特的话一直被人所引用，但这七个因素经常会以一种完全错误的方式被描述，比如：接受或脱离受害者角色，或者重视人际关系。虽然从表面上来看，那些拥有强大挫折复原力的人的确能够很快接受挫折，很少将自己视为受害者，并且也会从其他人身上寻求支持，但是这些只是行为方式。这些行为方式基于莱维奇和莎特所提出的七个挫折复原力要素，而非要素本身。

莱维奇和莎特认为，那些拥有强大挫折复原力的人，因自身具有的性格价值表现，也就是下文要提到的七种要素，而特别出众。人们可以根据挫折适应学习系统中所总结出的挫折复原力要素量表（Resilience Factor Inventory，RFI）来衡量自己，并通过特殊的训练方法和练习不断提升个体的挫折复原力。

七种挫折复原力要素是：

要素一：情绪掌控力

要素二：冲动控制力

要素三：原因分析力

要素四：同理心

要素五：现实乐观主义

要素六：目标明确性

要素七：自我效能信念

你会在各种科研文献中发现人们对这七种要素的表述方式略有不同，但其本质相同。这七项要素到底涉及哪些内容呢？

挫折复原力要素之一：情绪掌控力

情绪掌控力这个要素，在挫折复原力的概念中似乎有着最重要的意义。每个人都会遇到一些情况，无法控制自己的情绪和冲动。比如，孩子不停地哭闹，那么父母就整夜不得安眠，更糟糕的是，宝宝可能连第二天的整个上午也哭闹不停。这时，父母肯定感到火冒三丈，但是却极力控制着自己的怒火。母亲可能选择深呼吸几口气，并且再一次劝自己说，一定是孩子牙疼，所以才哭闹不止。这种同理心帮助她能够更好地包容孩子的哭闹。又比如，一位电话服务中心的员工，总是要应对那些对服务不满意的顾客来电抱怨，每天早晨他都伴着闹铃声起床，然而却提不起兴趣去上班。但是当他想到那些在热线上等待着的顾客们，或者想到今天是星期五，周末就能和女友去一家棒极了的酒店度假时，他就感受到了积极的情绪，心态也正面了起来。请你再想象一下，你正驾车快速行驶在高速公路上，突然另外一辆车子变道行驶，迫使你不得不紧急刹车。你肯定气恼得不行，恨不得立马对着那人大声叫骂。但是你还是尽力控制住了自己，并且说道："嘿，拜托，这高速公路不是你一个人的。"就这样，原本的怒气也就烟消云散了。我想，这样的类似的例子，我们可以举出几千个，这足以说明情绪掌控力对人们调节自我情绪的作用。你会发现，我们每个人都或多或少地在控制着自己的情绪。如果不是这样，我们就不能够将工作做好，也无法在社会上与他人和谐相处。

但是，也请你们注意！掌控自己的情绪是我们必须做的，即便如此，这和压抑自己的情感没有丝毫关系。如果人们一直压抑自己的情感，最后终将失去控制。正如高压锅原理一样，如果人们随时都克制着情感，最终它们总会找到出口爆发。对情绪的掌控是一个过程，在这个过程当中，人们通过对这种负面的，我们也称之为非挫折复原力的情绪的掌控，从而真正地感受到积极的情绪的影响。就比如上文中所提到的母亲，她真正地感受到了对于孩子的宽容与怜爱。如果当时她所考虑的并不是孩子的健康与平安，那么也许她的怒气不会消去。

许多研究结果表明，这种情绪的定调会导致负面情绪。就比如说那位热线电话中心的接线员，如果他对自己的工作一直感到沮丧、不满，但是接电话时，他却一直保持微笑。这就会使他内心的压力倍增并产生许多荷尔蒙问题。如果这种情况持续了许多个月或者是许多年，那么人们也可能因此生病。唯一改变自己的机会，就是试图改变自己的工作方式，或者是将自己的情绪往积极的方面引导。

拥有强大挫折复原力的人能够很好地掌控自己的情绪。如果我们跳出上述的个案情况，全面地观察一个拥有强大挫折复原力的人，我们就会意识到这种能力有多重要。为什么呢？因为这些人在生活中有极大地想要让自己幸福快乐的意愿，当他们在遭遇某种情况时，他们会迅速采取正确的措施，从而改善自己的情绪。他们非常明白，快乐与幸福感也是一种情绪。

另外六个形成挫折复原力的要素，也或多或少地影响着个体意识到自己的负面情绪，并采取正确的措施，使自己脱离负面情绪并且重新摆正心态。一般来说，调整情绪这种能力被人们理解为十分具有技术含量的特质。生活的意义就是对于幸福的追求，而且幸福是一种感受，大部分都无关物质。明白了这一点，我们才能够更加清楚地认识到情绪掌控力对人们的重要影响。

挫折复原力要素之二：冲动控制力

大家或许还记得，2006年的德国世界杯足球赛决赛，法国国家队对战意大利国家队。法国名将齐内丁 · 齐达内（Zinédine Zidane）

因被对手马尔科·马特拉齐（Materazzi）恶语侮辱，不仅回骂还用光头顶撞了马特拉齐的胸部。显然，齐达内没有控制住自己的情绪和冲动。更重要的是，我们看到，他这样的行为表现让自己完全偏离了原本计划的胜利目标，他本应以这场决赛的胜利给自己的足球生涯画上完美的句号。也许你是赞成他的这种行为，“做得对！终于有个人敢不受窝囊气！”事实上你自己也希望能那样洒脱一回，但是现实中的你，总是不得已压抑着自己的情感和情绪。担任运动心理咨询师时，我曾询问过许多职业运动员对这一事件的看法，我可以向你保证一件事，没有一位运动员对于这种行为表示理解。许多人表示：“我也许会在更衣室对他发火，但在赛场上不会，因为那样的话我们也许因此输了比赛，齐达内没控制好自己的情绪。”

拥有强大挫折复原力的人懂得有效地控制情绪和冲动，尤其是在压力环境下。这种能力不仅让我们在强烈冲动的情况下受益，也在我们的日常生活中有重要的意义。冲动控制力和情绪掌控力，并不像人们猜测的那样，可以互画等号。冲动控制力也可以被翻译成大家熟知却并不喜闻乐见的“自律”。因为拥有强大挫折复原力的人对于集中注意力非常在行，他们能专注于完成一个任务，并且永远不会因为其他的事情、想法或者人而分心。另外，他们还坚持不懈地追求着自己的目标，达成一个圆满的结果，从而使自己感到满意或者自豪。你是否碰到过这种情况，快要下班时你想要关闭你的邮箱，但是你看见还有三封待处理的邮件，而你却完全不记得这几封邮件了。或者，你在下班的时候感到沮丧，因为你感觉这一天你什么都没做或者没把任务完成。

因此，冲动控制力在我们的工作中非常重要，尤其是当我们委身于一些并不太能给我们带来快乐的工作，而这种情况往往就是我们日常工作的常态。我们总是容易受到一些日常事物的影响，比如你刚开始读一封新收到的邮件，这边电话却响了，你得马上去接电话，而同事在一旁邀你一起喝茶，你好像也很久没有刷过微博或者查看微信上的信息了。现代社会让我们分心的可能性太多了，是的，从未这样多过。我们的世界比以往更互联网化，也更加繁复。许多研究者认为，正如人们所说的那样，就是这些令我们头疼并且精疲力竭。而我认为：让我们感觉不舒服的并不是这种复杂情况本身，而是我们对待这种情况所选用的方式方法。弗雷德蒙德·马利克（Fredmund Malik）教授是当代管理学领军人物之一，他在自己撰写的《管理、成就、生活》（*Führen, Leisten, Leben*）一书中提出了如下非常具挑衅意味但却非常贴切的观点："所有常被提及的伴随着高强度工作和职业压力而产生的现象，如压力、急躁和忙碌，健康的损害和家庭争吵都要归咎于错误的工作方式。人们不会轻易因为繁琐的工作而生病，那只会让人们觉得劳累。职场人士生病主要是由于工作缺乏效率、意义和成果。"

在现代生活中，我们必须学会有意识地处理社会的"复杂性"，适当地放下我们的手机，并且尽力将任务真正做好。拥有强大挫折复原力的人不需要特意去学习这些，因为他们早就拥有这种能力，并且因此获得了成就感和满足感。

挫折复原力要素之三：原因分析力

你是否曾有这样的或者类似的经历，你尝试着推开一扇门，却总是没能成功推开它。你当时是不是觉得很愤怒，甚至咒骂那愚蠢的门，就算事实上是门卡住了，你也还是照样在骂它。后来有一次，你又来到了这扇门前，偶然间随意拉动了它，这扇门就轻易打开了。事实上，这就曾是我真实的经历。

我在慕尼黑的住所的地下室的木门就是这样的一扇门。在长达两年的时间里，我都一直尝试将这扇木门往里拉，并且拉出了一个豁口，我就将我的纸箱和一切人们常堆在地下室的物品往里塞。我一边堆东西，一边骂着那个想出这个愚蠢房屋结构的人。直到有一天，我和一位朋友去地下室，他想将一些东西存放在我那儿，他就凭直觉将门一推，门就突然开了。你可以想象得到，我当时会是多么的惊讶，你也可以想象在这种场景下，我脑海中出现了什么想法，我是如何吃惊地张大了嘴巴。到底是发生了什么？对于这扇门为什么打不开，我之前没有很好地，或者根本就没有去做原因分析，也就是说没有找出真相后隐藏的原因，甚至是找错了原因。生活中这样让人生气却又感到好笑的事情太多了，让我们设想一下，你长时间以来都处在一种负面情绪的状态中。假设几周以来你一直因为马上要做一场重要的董事会演讲而感到焦虑、情绪不佳，或者你因为入职了很长时间都没能得到新上司的认可而感到闷闷不乐，而你原来的上司总的来说对你褒奖有加。那么，当你读了这本书后你就会意识到控制自己情绪的重要性，并且迫切希望能采取对应的措施来让自己改善心态。关于这一点，我的建议是：你必须找到之前令你状态消极的原因，从而采用正确的办法，这样你才能扭转并纠正自己的情绪。

从原因分析力这个角度来说，拥有强大挫折复原力的人可以从两个方面与其他人区别开来：首先，他们会花时间彻底分析自己所处的处境；其次，他们能寻找到自己状态消极的正确原因，然后很自然的，他们采取正确的措施，令自己摆正心态。再看看上面那个地下室木门的例子，他们不会一再地犯同样的错误。因董事会演讲而常感到焦虑的人，很早就该知道自己为何会这样了，也许他们会考虑以后再也不做演讲。又或许他们认为，即使自己事业取得成功也演讲顺利，但是他们却还是缺少自信，也总在怀疑自己的能力。这样不同的情况，需要完全不同的解决办法。同样地，那些感觉自己无人赏识的员工可能意识到，他太过在意其他人对他的看法，而太看轻自己的能力。其实他完全可以选择调换部门或者是跳槽，因为他将自己的自责与愤怒的挫败感归咎于自己的上司。

在你看来，哪一种解决问题的方式能更助人事业有成，并且获得更持久的愉悦感呢？

我们美国的合伙人迪安 · M. 贝克尔用一句极妙的话概括了这种方法："挫折复原力代表了我们迅速恢复活力的能力，但它还有更深的意义：挫折复原力是我们有智慧地运用有限的资源的能力。"

挫折复原力是对自己有限资源的有智慧地运用，这表示，我们确切地清楚导致我们负面情绪的原因，并且能在此基础上做出正确的决定。由此，我们不会一直犯相同的错误，不会把仅有的资源浪费在我们不能改变的事情上，也不会在达到目标之前太早就放弃。你会在科研文献中一直读到这种“挫折复原力要素”，指的就是原因分析力。

但是请你别紧张，你不需要成为爱因斯坦那样拥有超群的原因分析能力的人，我们更希望自己能拥有“精准的思维”。这是一种能帮助我们找到失败原因的思维，一种能够帮助我们正确认识负面处境的思维，而接下来，这种思维还可以让我们相应地采取正确的行为方式。

挫折复原力要素之四：同理心

同理心指的是，我们设身处地考虑别人的想法或者感受的能力。丹尼尔·戈尔曼（Daniel Goleman）已经在他的著作《情商》（*Emotionale Intelligenz*）中，生动形象地把这种能力在事业或者生活中的意义描述并证明了出来。

同理心如何帮助我们成为更加坚毅、成功并且幸福的人呢？其中有两种至关重要的机制。

首先，同理心帮助我们转换视角。人们普遍认识到，我们所在的社会变得越来越个性化，“自我”和“自我实现”，还有“自我存在”这些概念具有极其重要的意义。像和路雪的“我和我的梦龙”，土星汽车（Saturn）的“吝啬至上”或者是德国邮政银行的“注意（我）”这些广告标语都用明确的、令人吃惊的方式表达出了这种概念。这种日复一日被灌输给孩子们的价值观，真的是我们应该传授给他们的价值观吗？如果你只从自身出发考虑事情，也许你可以获得一定的成功，正如你所学的，要全力以赴。但是，当你所在的职位需要同理心时，那这个职位也许会因为你的自私而成为你职业生涯的终点。比如，你必须准备好，设身处地地考虑你合作伙伴的想法和感受，这样才能签订最终的合约。这个例子也许会被理解为交际能力，然而这种能力首先就是由高度的同理心构成的，而不是对于社会规则的熟悉。

其次，同理心也帮助我们掌控自己的情绪，至少不会令我们产生强烈的负面情绪。再举一个例子，是关于两位在德国汉莎航空股份公司失物招领处工作的员工的。40分钟前，一架A380客机在德国机场降落了，然而，将近一百位乘客的行李因为起飞点机场的过失，没有被一起运输过来。此时，这些行李正处于悉尼。两位汉莎航空的员工忙得焦头烂额。庆幸的是，许多乘客都以一种心平气和的态度接受了这个消息，他们也知道，他们改变不了这种情况。但是也有一些乘客失去了控制，因为他们第二天有重要的商务会议要开，或者，四天之后新娘即将在美国举办婚礼，但是婚纱却落在了悉尼。员工甲此时正在向新娘解释。员工甲非常能理解新娘此时的心情，但新娘还是劈头盖脸地将员工甲骂了一顿。当新娘正要继续对员工甲破口大骂时，员工甲又一次以平静的方式强调了她非常理解新娘的愤怒，即使如此，她也不能接受新娘一直将怒火发泄在她身上了。员工乙，则是负责向愤怒的新郎解释发生的情况。然而员工乙却完全不能理解新郎的谩骂。“我也是人啊”，“我也不能做什么啊”，“这份工作真是可怕”，这些想法在员工乙的脑海中出现。最后，她坐不住了并且骂了回去，就像那位新郎之前对她所做的。她的情绪越来越激动，她自己都控制不了。

同理心可以帮助我们在这种情况下，至少不会产生如此强烈的情绪，也会帮助我们抑制这些情绪不发展到需要去克制的程度。同理心会让我们将这种情况视作挑战，并且用清醒的头脑做出反应。拥有强大挫折复原力的人可以运用这种能力，对艰难处境做出良好的控制。

挫折复原力要素之五：现实乐观主义

如果有人像我们一样，与美国的企业有商业往来，那么那些来自欧洲的人，比如说我自己，就要注意了，乐观主义在美国人的观念里很受重视。为什么？因为世界上大概没有比美国更加看重乐观这一性格特征的国家了。

“是的，我们能行！”这句名言帮助奥巴马赢得了2007年的美国总统大选，因为没有一个地方比美国将“乐观是生活的基本态度”这一理念贯彻实施得更好了。或许，正是那些几百年前从欧洲出发，来到美洲寻找幸福的乐观主义者，将这种乐观精神深深烙印在了美国文化中。或许，正是这种乐观精神，使美国发展成了世界最大经济体。又或许，也正是这种乐观精神，令美国太晚意识到自己的错误发展，并且让其几年来，从世界最大经济体倒退成为一个贫困率越来越高的“发展中国家”。

另一方面，也许正是我们德国人更加倾向于悲观主义的基本态度，使得我们小心谨慎地完成自己的任务。也许是我们对于自身缺点的悲观，导致我们虽然能够认清机会，然而却因为太过于小心翼翼而不能抓住它。也许我们需要的是更多的现实乐观主义，而不是现实悲观主义来使我们更加成功、更加快乐。但是这一点在今后是很难去证明的，因为我们没有做过的事情和我们没有走过的路在未来也是不存在的。“如果我……就好了”这一假设也是不存在的，每种情况都是人们的猜测。

当我们，我指的是我和我的搭档还有美国合伙人，谈及乐观主义时，我们指的就是“现实乐观主义”。这个概念指的是，拥有强大挫折复原力的人的内在思想和他们的态度，他们认为事物会向积极的一面发展。

阳光总在风雨后。乐观主义和现实乐观主义的区别在于，现实乐观主义是基于实际情况，也就是人们所看到的现实而抱有的积极态度。我们举个例子，你的医生确诊你患有一种不危及生命的疾病，但是你却不得不每天都服用药物直到生命的最后一天。现实乐观主义者会说，虽然患病很令人遗憾，但是他还是可以过幸福的生活，而乐观主义者会说，这是他人生最大的幸运，因为他躲过了死神的追捕。

人们对于乐观主义，要比其他挫折复原力要素都更加关注，其中有两个原因：一方面，你不应该不切实际地盲目乐观；另一方面，乐观主义也是唯一一个与你所做的，或许正是你所爱的工作有关的因素。你会指定谁为核电站的负责人：一位务实的悲观主义者还是一位现实乐观主义者？你会任命谁为你公司的管理者：一位务实的悲观主义者还是一位现实乐观主义者？

心理学研究早已给了我们明确的解释，乐观主义者比其他人更容易成功、幸福。当人们了解了下面这个例子之后，会对这一点更加确定：假设，你有一家自己的公司。几个星期之前，你在洗澡的时候想到了一个在你看来绝妙的产品方案，但是你自己没有时间将其付诸实际。于是你就想，你可以将这个任务托付给哪一位自己团队里的同事呢？你有两位非常出色、有能力并且你可以信任的同事，你想要分别与他们两位谈话来做出最后决定。同事甲仔细听了你的产品方案，随着谈话的深入，你也交代了最后一个方案细节，然而，同事甲却不同意这最后一项内容。你现在不确定，他是否对你的产品提议真正地感兴趣。同事乙对你的方案表示出了相同的兴趣。你也指出了这个方案在某一个方面会有风险，但你同时也指出，人们如何可以毫无障碍地解决这些问题。他补充了你的想法并且找到了更多的思路，这场谈话持续了两个小时。所以，你会将这个项目交给谁呢？

挫折复原力要素之六：目标明确性

想要将莱维奇和莎特的《适应力因素》一书中所提到的"Reaching-Out"这个概念翻译成德语，非常困难。我们所用的"目标明确性"这个词总是不完全符合它所有的内涵。拥有强大挫折复原力的人，在确立明确目标方面也非常地杰出——请你回想一下"冲动控制力"这个因素——他们会自觉、自律地贯彻自己的目标。当他们追随自己的目标时，他们不会因为失败而停止脚步，他们也知道——请你回想一下"原因分析力"这个因素——他们应该何时放弃自己的目标。当他们完成了一个目标或者他们决定放弃后，他们会很快确立新的目标并且自觉、自律地追寻它。最后一点，但也非常重要的一点是，这种能力并不依赖于其他人的反馈，而是一种相信自己所想要做的事的能力。

或许，苹果公司创始人之一史蒂夫·乔布斯在这里会是一个很恰当的例子，我在这本书的最后一个章节将会详细提到。或许你也偶然间看过由沃尔特·艾萨克森（Walter Isaacson）所撰写的《史蒂夫·乔布斯传》，那你也许知道乔布斯有一段时间被自己的苹果公司辞退过。在那个时候，他已经赚了足够多的钱，多到他可以过几百几千次“幸福”的人生。但是在那种情况下他还是没有停止工作，而是收购了一家名叫皮克斯（Pixar）的小公司，并且在短时间内令其发展壮大，几年后迪士尼公司以几十亿美元将其收购。在乔布斯大获成功之后，他回归了正在走下坡路的老东家苹果公司，并且研发了新的产品，如iPod和iPhone，这使苹果公司从一家陷入经营困局的电脑生产商成为全球知名的大公司。这正是目标明确性的最好体现。

在这里我有必要强调一下，我所指的拥有强大挫折复原力的人并不是那些永远都在原地忙碌，从不对自己的成就感到满意的人。这类人所有的工作活动和不知疲倦都是为了向周围的人，最重要是向自己证明，他们并不是像自己觉得的那般渺小和无能。而挫折复原力较强的人士非常注重目标的明确性，当他们建立目标、学习新的东西，并且将所学运用到新的领域并将其拓展时，他们会觉得非常的快乐。

相应地，他们也能够达成目标，而不以付出自己或者他人的健康为代价。你应该已经猜到，我将会在后文中把史蒂夫·乔布斯与这之间的联系仔细道来。

挫折复原力要素之七：自我效能信念

自我效能信念是心理学中被研究得最透彻的人类性格特征之一。因为心理学研究首先是一项与疾病有关的研究，我们临床心理医师知道，一项治疗结果成功与否主要与这个因素有关。坐在我们对面的患者是否相信他能够掌握自己的命运，并且通过自己的努力改善周遭事物？当答案是肯定时，这表现出的就是“自我效能信念”。

假设，你有一位友人、一位合作伙伴或者一位家人一直关系密切，而他不久前经历了一场别离或者被解雇，并且对此难以接受。你也许会尝试对这种处境表示理解，然后给他提供建议，告诉他能够做什么，从而能让他感觉好一些。刚开始的时候，他总是这样回答你：“对，你说的对，但是我还是不能忘记这一切。”或者，“我不能这样做，我没有这种能力，而且这样做也没有什么意义。”一段时间之后你会感到沮丧并放弃劝说他，甚至不再联系他，因为你觉得这已经没有什么意义了。这个人所缺少的正是他对于自我效能的信念，这份认同感足以让他改变自己的处境。

这种因素从以下两个方面来看都具有很重要的意义。一方面，拥有强大挫折复原力的人都有强烈的自我效能信念，他们认为：“我是我的生活的创造者，而非受害者！”他们很少扮演受害者的角色。因为这个角色也许会使他们丧失行动能力，并因此会将自己心情不好的原因归咎于那些外部的、不易受影响的因素。那些拥有强大挫折复原力的人，通过自我效能信念的影响，他们面对困境时不仅表现得沉着冷静，而且对自我和情绪的掌控也很到位。他们始终坚信，自己对人生有主导权。

为何这种因素具有重要意义？第二个方面的原因与作为读者的你有直接的关系，特别是当你想进一步提高挫折复原力时。作为一位细心的读者，你一定不会忽略掉，以上提及的七种因素中的绝大部分与我们的观念、态度以及视角有着紧密的关系。

在一个特定的处境里，我是否能够积极行动起来，找到一些能够使自己感到幸福或成功的因素，或者是赋予这个处境意义（情绪掌控力）？

假设我面前的杯子里有半杯水，我是会将其看为半满还是半空，并且我是否愿意改变这种情况（现实乐观主义）？

我是否乐意保留自己的看法，倾听他人并且换位思考（同理心）？

我是否准备好将我不乐意做的事情自觉自律地进行到底，因为我知道这将给我一个良好的自我感受，并引导我迈向自己的目标（冲动控制力）？

从心理学以及神经生物学的研究中，我们可以知道，人们可以通过持续性的训练改变自己根深蒂固的观念，并且在他们的一生中保持学习的态度。大多数动物都不能做到这一点。

没有什么能够比“个性特征的发展”这一概念能更好地诠释这一点了。这条路走起来也许会很坎坷、艰辛，因为这些思想早在几十年前就以神经结构的方式扎根在我们脑海当中。

用神经生物学家格拉德·许特（Gerald Hüther）教授的理论来

说，这种神经结构就类似于流通量大并且异常坚固的高速公路，当我们遇到类似情况时，它就会自动起作用。有时这种结构会改变，而且速度极快，特别是因为新的观念有时候会突如其来，对情感造成强烈的冲击。和以往相比，一切都变得简单许多。

只有当你相信，你自己能够改变自己的观念时，也就是当你能够建立起自我效能信念时，你就可以满怀信心地面对挫折，这些挫折在你想提高自我挫折复原力时一定会遭遇到。用另外一句话来说就是，那些你为提高自己挫折复原力所做的努力将把你锤炼成一个挫折复原力极强的人。

05 总结

我们在这一章节中已经了解到，挫折复原力要素之一的情绪掌控力是最重要的因素之一。这种因素指的是我们在压力之下保持沉着冷静的能力，以及我们不被情感所控制的能力。而这种技术性极强的能力在我们漫漫的一生中也有更为重要的意义。也就是说，当我们将这种能力理解成拥有强大挫折复原力的人的一种本能意愿时，也就是他们想要过得更幸福，想要将消极的人生处境变得好一些，或者至少改变至一种自己能接受的程度。那么上文中所描述的挫折复原力超强的维克多·弗兰克尔的例子就不需要更多的解释了吧。

这个关于“成功主题”的章节至此结束了，也许你会得出这样一个结论：你想要的成功人生中，成功的事业只是占一部分，并非只有事业成功才算成功的人生；也许你会像其他人一样，得出这样一个结论，成功的人生对于你来说就是过得尽可能的幸福。如果不是这样，那请你想想，你希望自己刚刚出生或者未来的孩子拥有什么样的生活？

因此，我想如下一些事很有意义：花一些时间去思考，这样一些积极的情绪是如何产生的，我们到底需要做些什么才能获得自己真正的成功和幸福？换句话说，如果我们想要满足、幸福地在活在这个世界上，哪一种心理基本需求是真正要被满足的需求？只有当我们知道了这些之后，我们才能树立正确的目标，并依此来调整我们的行为。下一个章节中，我们就来谈谈这个问题。

CHAPTER 3

第三章

获得真正成功的基本条件

01 “我根本不知道自己到底要什么！”

在之前的章节中，你已经了解了挫折复原力的七个要素。可能你会问，为何现在紧接着是关于成功的章节，毕竟这是一本讲挫折和复原力的书啊！实际上，你将要读到的也许是如何学习和练习有关挫折复原力的内容，这一章节所讲的正是挫折复原力因素的实践经验。为了获得更强的挫折复原力，仅仅专注于之前提到的七个因素是远远不够的，克服逆境、保持坚韧并不是目的本身，而是一种能让人生活得更“成功”的能力。如果不好好思考一下，成功对我们来说究竟意味着什么，在我们眼中成功的人生是什么样子的，那也就失去了追求具备挫折复原力的意义，并且据许多有经验的人所说，情况也不会有任何好转。在我的工作中，我常常听到一些个人或者集体说过：“我根本不知道我到底想要什么！”这句话常常出自这样的一些人口中，客观地来看，他们都在事业上非常成功，却对自己所处的现状很不满意，因为他们时常不知道接下来将如何发展。因此，他们也会去寻求咨询师的帮助。他们确实是达到了他们所想要达到的人生高度，或者说达到了他们以为他们想要达到的人生高度。然而他们所期待的那种满足感无论如何都没有显现出来。这些人常常想要从我这里得到问题的答案，很想知道自己究竟要什么。而我，一直只能报以微笑。天哪！我怎么会清楚，别人到底要什么？！

我唯一能提供的理性的帮助，是向他们解释，普遍来讲，跨越文化与种族的差异，人们最需要什么来让自己变得幸福，并能积极快乐地发展自我。在此基础上，这些向我咨询的人可以问问自己，对他们来说这些方面有多重要，在日常生活中他们有多重视这些，他们的行为方式是否能够证实，他们的行为又有多少是因渴望达成这些目标而付出的。我也想借此鼓励本书的读者们。

可能你已经意识到：有强大挫折复原力的人在某些方面很特别。他们知道，或者更确切地说，能够本能地发现他们最需要什么来使自己幸福快乐，并且朝着这个方向努力。从他们身上能够找出之前介绍过的七个帮助我们战胜逆境的因素的深深烙印。这些素质帮助他们达到目标、变得成功。

比如说与周围的人建立真正连接的关系，是一种超越文化差异的、普遍的人类基本需求。只有当人们对于对抗逆境有相当的同理心，同时也有能力掌控自己的情感，他们才能真正找到并建立人际关系纽带。如果不具备这些素质，那么在最糟糕的情况下难免会表现失常，而且肯定会很难与别人建立起真正长久的关系。同样地，自我价值的提高也是另一种人类最基本的心理需求之一。如果一个人因为害怕完不成目标，而不设立任何目标，就像挫折复原力的因素“目标明确性”描述的那样，并且自我效能信念不足，那他肯定会因为难以实现自我价值而难过，并觉得自己是个办不成事的人。这可不是个好的心理素质基础，你说不是吗？那就让我们进一步探讨人类的心理，探寻这样一个问题，看看心理学家认为，到底是什么驱动着我们前行？

02 五种人类基本心理需求

提到人类最基本的心理需求，许多人自然而然地就会想到美国心理学家亚伯拉罕 · 马斯洛（Maslow）的心理需求层次金字塔。他将人类的五种最基本的心理需求，用金字塔建造的五个层次来描述。具体来说就是，越在金字塔底层的心理需求越需要首先被满足，之后人们才会考虑上一层的心理需求。再具体说来就是，首先我们对安全感和控制欲的心理需求被满足了之后，我们才会想着去拥有归属感。然而，这个模型结构上存在两个问题：一是它几乎没有被科学地验证过；二是我们可以认为金字塔的结构不符合实际。在此，读者们可以找到一个非常具体的、可追溯的例子。

还有另外一个模型非常简单易懂，但心理治疗圈外鲜有人知。这种模型把我们人类的基本心理需求建立在神经生物学的基础上，而且具有非常完善的科学理论基础，它的提出者是英年早逝的心理学教授克劳斯·格拉维（Klaus Grawe）。这一模型是在他2004年出版的《神经心理治疗》（*Neuropsychotherapy*）一书中提出的，显然这书名不够有吸引力。在这本书发表之前，格拉维心理学疗法在业内已有很高的声望。他在书中进一步扩展了西摩·爱泼斯坦（Seymour Epstein）的人类心理学基本需求理论，并从特定的心理需求层面通过大量科学研究论证了他的理论。格拉维对此做过两个方面的阐述，第一个方面与心理学家职业和身为普通人的我们自己有关："那些涉及个体的事，是非常有价值去经受科学的提问、调查和解释的。为了让人身心愉悦，哪些心理需求要被满足，就是这样一个涉及我们每个人的有意义的问题。而对于一个以人类痛苦为研究对象的职业来说，这更是这个行业的最核心问题。"

第二个方面是关于狭义的"人类基本心理需求"范畴包括哪些内容。格拉维这样说道："基本心理需求是所有人共有的心理需求，违反或者长期不被满足就会损害心理健康和幸福感。"

比方说，现在有许多人追求权力并将其视为基本心理需求。另一方面，又有许多人没有一点权欲，他们也依旧活得很好。如果你继续去问一个年轻人（我们也都曾年轻过），想要幸福的生活，他觉得最需要的是什么的话？你最后得到的答案很有可能是"最需要一部智能手机"这样天真的答案。我们知道，像追求权力这类心理需求如果不能得到满足，通常是不会对人造成精神或身体伤害的。但是如果不能理性地对待这种渴望，就可能造成伤害。即使如此，对智能手机的渴望也绝对不会是人类最基本的心理需求。同样地，诸如想吃巧克力或者想买名贵香水的愿望也不是人类最基本的心理需求。这可能对某个人非常重要，他能够感觉到自己的迫切需要，但这并不适用于所有人。如果这种心理需求没有被满足，也不会对他造成任何严重伤害。亚马逊区域的土著人还从未见过智能手机，这对他们来说也许无所谓。许多其他的事物，对我们来说也许没有太大关系，可对他们来说也许是非常重要的。

每当我问及一些个人或团体，得到什么才会让他们觉得幸福？答案出其不意的相似，都是那些有关财富、事业成功的要素。倘若进一步仔细观察，我们会发现社会上和广告里推广的价值观都非常令人惊叹。你们觉得不是这样吗？人们通常都认为，自己想要活得有尊严，想要感受到快乐，想要与他人建立亲密和谐的关系，要活得有意义，也需要安全感才会幸福。或者也有人因信仰而获得幸福和满足感。所有这些列举的答案无一不是爱泼斯坦和格拉维在论述人类的基本心理需求中所讲到的。

克劳斯·格拉维在2004年提出了他的心理学五种基本需求，它们是：

* 趋乐避苦的需求
* 建立人际关系纽带的需求
* 自我价值提升的需求
* 导向需求和控制需求
* 对一致性的需求

为了更加科学准确，还有以下几点必须加以说明：爱泼斯坦在他的理论模型中只定义了四种基本心理需求，并把“一致性的需求”归入“导向需求和控制需求”。格拉维又重新把“连贯性”抽离出这一组，并把它定义为“一致性需求”。在他的理论模型中，未对这种心理需求做出论证，也没有证明它是一种真正的基本心理需求，还是更接近一种衍生的心理需求。在格拉维看来，这可能更是一种衍生心理需求，因为这是许多单个心理需求共同作用的结果，而人们普遍都追求关联性或者统一一致性。与此相对应，比如说当人们自我价值提升的心理需求无法被满足时，也能感觉到内在的不一致性。

我认为，连贯性或一致性实际上是一种衍生心理需求，但应该被归为一种独立的心理需求。原因在于，它通过外在和内在，通过我们自身的诸多影响因素直接地被满足或不被满足。因此，我将会为你仔细解释这五种最基本的心理需求，并且说明为什么我在本书中选择“一致性”这一概念，而不用“连贯性”来描述这第五种基本心理需求。

第一种基本心理需求：趋乐避苦的需求

你们一定有过这种令人愉快、十分舒适完美的感觉，就是当你正在做或者刚做完一件对你来说是驾轻就熟的事情时的快感。这种快感能使许多人达到忘我、忘记时间的境界，甚至有时候非要强迫自己才能停下来。人们越是有这种感觉，就越频繁地做这些他们最擅长的事情。米哈利 · 切克赞特米哈伊（Mihaly Csikszentmihalyi）把这种现象称为“心流”（Flow）。当人们有这种感觉时，他们对愉快和舒适的需求正在被满足。为什么呢？因为几乎没有什么能比做自己真正在行的事情或者能给人带来愉悦、快乐和兴致的事情来得更美好了。当然，你也可以选择去做更多数不胜数的其他活动来满足自己的这种需求，就像满足其他欲望一样。人们要自己去发现能够引起兴趣的事，或者如何避免给自己带来不悦的事。能使一个人感到愉悦的，可能是读一本书，或者是去看一次艺术展，或者是漫无目的地遐想，或者是花上一周时间漫步于阿尔卑斯山中。总之，世界上有数不尽的满足人们兴趣爱好的事情和可能。

当然也有这样一种情况，人们会觉得自己所从事的事物要求过高或要求过低了。从心理学角度来说我们知道，当一个人一直处在极限状态或者永远处在无聊状态时，那他将承受巨大的伤害。后面提到的这种现象被称为“锈坏”（Rust-Out），而前面的那种现象则被称为“耗竭”（Burn-Out）。

第二种基本心理需求：建立人际关系纽带的需求

时至今日，人们已经清楚地知道，既使我们的社会逐渐变成个人主义的社会（你们可以想想《我的大瓶酒》），人类终究是并一直会是一种社交动物。许多研究结果表明，那些只被提供食物而没有收到过任何照顾关怀的孩童，他们的生长发育会受到很大的影响，最坏的情况甚至是死亡。基于上述事实，这里我不能不提到那个被世人所熟知但没有被科学充分证明的马斯洛心理需求层次金字塔。假设有一个婴儿，人们只给他关怀、照顾，却不给他吃东西，那他一样会饿死。

就像刚刚提到的那个只能得到食物却得不到照顾的小孩一样，这两种需求应该相提并论，而不应分出孰重孰轻。

我们都是社交动物，对建立人际关系纽带都有需求。这里所指的并不是像在社交网站Facebook、LinkedIn、Xing里那样虚拟的联系，虽然这种虚拟联系也是社交基本需求的一种方式。这里所指的更多的是与你的伙伴、朋友、家人、一起在组织或协会里的人之间的联系。你们有着共同的目标，比如想拯救世界或者饲养鸽子。理想的情况下，人们在这样的集体中能找到机会，并接受建议，能一起分享成功的喜悦而互不嫉妒，能诚实地说出自己的弱点和失败并获得同情，等等。可能你们也属于那种与街头陌生人互相点头微笑、帮忙扶一下门把手或者只是简单地聊上几句就能感到真正快乐的人。当你们体验到这种感觉时，你们对人际交往的渴望就得到了满足。

对人类的近亲——猴子的实验让人们对此得到了非常清楚的答案。将一只猴子关在笼子里，再把一条狗放进关着猴子的房间里。狗根本无法伤害笼子里的猴子，而猴子却极度恐惧，它血液中的肾上腺素水平非常明显地证明了这一点。当人们再向笼子里放进一只跟之前的猴子相熟并要好的猴子后，重复之前的实验，结果让人非常吃惊：第一只猴子原先所承受的恐惧和压力几乎烟消云散了。人们又进行了第三次实验，把两只互不认识的猴子放在一个笼子里，它们各自的恐惧和压力又开始变得忽高忽低了。如此说来，笼子里相互认识且相互紧紧依靠的两只猴子，即使同处危险境地也确实能够消除彼此的恐惧和压力。以此类推，不难看出人与人之间真正的友谊在消除恐惧和压力方面会有多大的作用。你们一定也有这种亲身体验，当你身处陌生的环境或承受压力时，仅仅是伙伴间的身体接触也能够消除你内心的恐惧。这样的情况也可能发生在当你回忆起有人牵挂你或在你失败时支持你的时候。如果你没有体验过这种感觉，原因可能只有两种：一是你身边没有可亲近的人，如果是这样我建议你努力改变这种情况；二是你再好好想想，是不是你曾经有过类似体验，现在忘记了。

然而，每天的社交活动也需要我们去处理和面对或多或少的危险，因为这其中常暗含一些风险或不确定性，比如丢脸的可能、与别人走得过近、容易失望等，或者当我们在上司面前做报告，这就像是在拿职业生涯冒险。针对生活中其他的一切意外我们都已购买保险，但对社交活动中的一些意外因素却没有相应的保障，也许也不会有相应的保险产品。正是由于这样的原因，有50%的学生都说自己在作报告时会有些害怕，几乎所有人都有怯场的经历。这也是为什么许多人常常在聊天室里异常活跃或者 喜欢发邮件，而不是直接打电话，或不愿意主动向邻居介绍自己的原因。因为人们可能在这样的情境中无法掌控局面。如果长期回避社交活动，那他们的社交关系需求将一直无法满足，最终容易导致内心的不满足感。

第三种基本心理需求：自我价值提升的需求

我们通过研究得知，心理健康的人一般都会有对自己和自己的成就高估的趋势。如果我们将这些人与轻微抑郁的人进行比较的话，就会发现后者对自己的能力和成就的估量明显地比前者更实际。所以，希望自己是独一无二的愿望似乎是人类与生俱来的本能。人们常把这种心理需求描述为对尊重的渴望，而不被尊重时就会发出这样的抱怨：“我在这家公司根本得不到尊重”或“对我来说得到尊重特别重要”。

你知道那种美妙的感觉吗？当别人用一种非常真诚又有些让你感到意外的方式赞美你的外貌，你说话、跳舞或举止的方式。你如果有所体会，那就是你对自我价值提升的欲望得到了满足。我有时也会问自己，为什么这种交际手段一方面能给别人带来快乐，另一方面也能使自己更受欢迎一点点，但人们却没有很频繁地使用它呢？格拉维对这种心理需求做出了如下结论，值得我们注意：这种需求是唯一一种将人类区别于其它动物的心理需求，因为要感受到这种心理需求必须对自我有一定的认识。只有极少数动物能够这样，比如猫和狗还有金丝雀等就不能从镜子中认出自己来。因此，有人也在鸟笼子里挂镜子，让鸟儿们觉得笼子里还有一只鸟，它的社交需求就这样被满足了。

世界著名畅销书《不幸福人生指南》的作者保罗·瓦茨拉维克（Paul Watzlawick，1983）这样评论心理学家阿尔弗雷德·阿德勒（Alfred Adler）的作品，他说道：“他作品中的新发现来迟了。”阿德勒是第一个将自我价值作为核心主题讨论的心理学家。他出生在维也纳，是奥地利的一名医生和心理治疗师。他曾属于与弗洛伊德（Freud）联系紧密的学生圈子，直到1911年与弗洛伊德闹掰，这其中的主要原因就是阿德勒不承认弗洛伊德的本能理论而提出他自己的个体心理学。阿德勒67岁在阿伯丁与世长辞。当人们把这个消息转告弗洛伊德时，他只说了这样一句话："我不认识什么阿尔弗雷德·阿德勒。"阿德勒认为，几乎每一种人类的行为、每一种精神疾病都是人们对幼儿期与青少年时期所经历的自卑或者更极端情况、后天形成的自卑情结的一种补偿性的尝试。许多著名的研究人员从这一角度继续深入，下面这段文字可以很好地帮助人们理解：

"人们想要对自我感觉良好，想要相信自己是有能力的、有价值的，并被其他人所爱戴。自我价值提升的欲望被誉为人类生存最基本的欲望，它曾被社会心理学先驱，美国心理学家威廉·麦独孤（William McDougall，1932）认为是'最高级的情感'（master sentiment），著名的人类学家艾纳斯特·拜克（Ernest Becker）把它视为'人类生存的基本法则'（The basic law of human life）。许多历史上［比如心理学家奥尔波特（Allport）1943，库利（Cooley）1902，米德（Mead）1934］的和同时代的巨匠［比如心理学家鲍迈斯特（Baumeister）1991，格林瓦尔德（Greenwald）1980，施兰克（Schlenker）1985，斯蒂尔（Steele）1988，泰舍（Tesser）1988］都认同：为获得正面积极的个人形象的驱动力是人类最直接最基本的天性，正如美国心理学之父威廉·詹姆斯（William James，1890）所说。"

这也就是说：自我价值提升的心理需求是人类基本的心理需求，也被很多研究者认为是最重要的需求之一。一个人的自卑心理和自卑情结越严重，他的行为就越显得怪异。阿德勒强调，教育者的教育行为和生理的自卑（比如身高）都可能引起这种以极端形式显现的自卑感。

他还指出，如果受到过身体上和心理上的虐待，或者儿童时期的过度保护都会导致自卑感的产生。在第一种情况下，孩子的自我价值认知将直接受到伤害；而在第二种情况下孩子则会变成一个什么事都让别人来解决的人，这意味着他没有自己解决问题的能力。另一方面，身体缺陷可能导致孩子在学校里一直被嘲笑而感到自卑。值得我们注意也令人惊异的是，早在20世纪初，阿尔弗雷德·阿德勒就强调了专制和反专制的教育方式对孩子都是不好的。他主张的教育方式是，能让孩子在感受到支持与爱的同时也能够感受艰辛，并学会解决自己的问题，战胜挑战，也就是说掌握一个重要的挫折复原力要素——“自我效能信念”。在之后的几十年里，专制教育的支持者和反专制教育的支持者展开了激烈的争论，后来人们才发现这两者之间的方式才是正确的。阿德勒在1926年的言论同样令人惊讶，你们能够从中看到一系列挫折复原力要素的缩影。原文如下：

“他的（作者注：一个人的）勇气、乐观精神和受过训练的工作能力是他在真正的紧要关头的必备素质，而这种情况给他带来持续的自卑感受，也构成了他精神生活的重要组成部分。”

这样说，也许你就不难理解，为什么身材矮小的人，尤其是小个子男人，对地位的象征常常特别在意。他们一般都很成功，对权利有很强的欲望，因为这些东西在帮助他们补偿自卑感。因个人的价值观差异，他们的基因素质敏感性和他们的经历给他们带来巨大的力量，帮助他们另辟蹊径。比如说，为什么一个精神分裂的人会坚信自己是唯一一个能和上帝沟通的人呢？或者你们一定都记得电影《美丽心灵》中的罗素 · 克罗，他为什么能够读懂FBI任务中的暗语？为什么一个像《华盛顿狙击手》那样在2002年从埋伏地点随意射杀10个人的连环杀手把自己称为上帝呢？可能当他能凭自己意愿挑人射杀时，他感到自己像上帝一样万能。阿德勒把这种对自卑情结补偿的极端形式称为“使自己与上帝相似的一种追求”。即使我们不做科学调查，当我们看到这些非常有说服力的言论时就会觉得它们是多么令人惊讶。

为什么我要在这里写这些内容，这又与主题“挫折复原力和成功”有什么关系呢？答案很简单：因为仔细想一想，我们每天都能感受到自己的野心有多强，对于自卑心理的补偿又有多强，这很有意义。否则就算你在事业上很成功，你也总是在和别人比拼，但却没有注意自己真正渴望被满足的情感需求也是很危险的。可能你在事业上会很成功，但你是真的成功吗？

我会在这本书的后半部分对这个问题进行深入讨论，对提高个人的挫折复原力来说与别人建立真诚的良好人际关系到底有多重要。“受什么驱使，却永远对已得到的没有真心满意过”，或许你已经在我的描述中惊奇地发现了自己的影子并问自己，究竟要怎么做才能获得正确的自我价值感？针对这个问题，有两种比较普遍的方法。第一种就是像阿尔弗雷德 · 阿德勒所说的“回归团体”。在这种情况下他人对于单个个体来说，不再是借由权力可支配的对象，也不会因某人的职场成就而得到钦佩的注目礼。这意味着个体要投入情感，把注意力从自己身上转移到和我们在一起的其他人身上。第二种方法就是无论我们成功与否，无论我们儿童时期和青少年时期经历了什么，我们都应该记住自己作为一个人，是独一无二的，是有意义的。即使我们经历了失败，这也应该更加被我们熟记于心。当你遭受折磨，当你慢跑或骑车被超越而对此感到很生气时，刚才学到的处世态度就刚好能完美地派上用场。给自己一个微笑吧，别忘了告诉自己，自己绝不会因这些琐事而变得一文不值。

第四种基本心理需求：导向需求和控制需求

某个周日早上，外面很冷还下着大雨。你和女朋友本来打算骑车去郊游，然而天气预报又一次错误地估计了天气。女朋友决定在家看书，而你没有完全想好自己该做点什么。为什么不打扫一下地下室呢？虽然进入布满灰尘的地下室对你来说没什么吸引力，但你告诉自己：现在就开始做这件事。前半个小时的工作很艰难，你很难决定该扔掉哪些东西。这之后，你发现整理和丢弃的决定变得越来越容易，你开始忘记了时间，这样的彻底清理也越来越有意思。五个小时后你全部整理完毕，你甚至组装了一个新架子，这比你一开始预想的要快、要好。这样所有物品各归其位，地下室也终于有了自如活动的空间。你感觉如何？大概像多数人一样吧，那感觉真的很棒，因为你刚刚满足了自己的“导向和控制需求”。

这种基本心理需求在心理学上已经被研究得非常深入透彻。它描述的是，我们对于自己想清楚要做什么、该去哪里，希望做出决定并尽可能地控制生活中的不确定因素的心理需求。总市值超过数十亿的保险行业就依赖这种需求而生生不息。如果我们没有这种心理需求，那我们就不需要保险。一个人如果突然对他的生活失去了控制和目标，这就是一个人所能经历的最坏的情况。比如说被解雇，比如说恋人宣布分手，甚至更糟糕的比如遭受绑架、强奸或者被确诊患上非常严重的疾病。此时，不仅我们“建立人际关系纽带”和“自我价值提升”的心理需求会受到侵害，我们对自身、生活以及眼前的境况都或长久或短暂地失去了掌控。类似的情形当然也会发生在挫折复原力指数高的人身上，但他们能够及时发现事物偏离的方向并找出解决问题的方法，使生活快速回归正轨。这些内容我将会在本书后面的部分讲到，其中有一部分也已在前言中提及。

第五种基本心理需求：对一致性的需求

你的领导对你们整个团队说过，必须在开会的时候准时出现。而令他勃然大怒的是，有个别人不遵守团队的纪律，非常重要的会议却迟到至少15分钟。

你的公司在过去一个财务年度打破了营业额和利润的纪录，但一个月后却宣布将解雇10%的员工。

你天资很高，非常想要在自己的公司里干出一番事业，也因此你必须经常坐飞机去国外出差，但你又非常害怕坐飞机。在这种情况下，本书之前所讲到的四个基本心理需求，即趋乐避苦的需求、建立人际关系纽带的需求、自我价值提升的需求、导向和控制需求都没有受到损害。

以上描述的三种情况中，还只是众多例子中的几个代表。人们对一致性的需求受到侵害，而上面这些还只是许多例子中的一部分。有些事就是前后没有关联，甚至自相矛盾，让人忍不住怒火冲天。

根据美国心理学家亚伦 · 安东诺夫斯基（Aaron Antonovsky）所述，当人们理解了生活中的一致性，坚信自己能够掌控自己的人生，并且感受到也相信生活富有意义时，就会特别萌生对一致性的心理需求。此外，对于一致性的感觉也产生于当我们的其他基本心理需求都在各方面得到满足，也就是当它们没有此消彼长的竞争状态时。对于这一点，格拉维做了非常详尽的论述，并从神经生物学的层面给出了证明，这些内容你将会在接下来的章节中看到。

03 基本心理需求和挫折复原力

具有强大挫折复原力的人一般不会感到心烦。为什么会这样呢？就像本章一开始所说的那样，因为他们从生命中感受到许多快乐，非常清楚自己的目标方向，能够掌控自己的生活，与他人维持着真诚、紧密的关系。他们还能做到不去一味固执地执行某个目标，而是在放手后设立新的目标，并满怀信心地跟随新目标。对别人来说他们一直很稳定。换句话说，有强大挫折复原力的人通过他们的行为能潜移默化地使自己的五种基本心理需求得到满足。除了用稳定来形容外，他们的行为可以说还是有一致性的。为了达到这种一致性，他们致力于调整七种挫折复原力要素之间孰轻孰重的微妙关系，从而避免出现不平衡状态。如果不平衡出现，那他们一定会立即采取行动来消除它。我们很多人都知道如何消除内心的不平衡，但几乎都不知道不平衡是如何产生的。让我们更详细地来分析一下，因为平衡与不平衡对于我们挫折复原力概念的核心——我们的情绪有至关重要的影响作用。

04 满足基本心理需求而导致的不平衡状态

你们是如何察觉身体发出的信号，比如，需要吃东西？正确答案是：你感受到饥饿。你们是如何察觉到自己的身体需要喝水？正确答案是：你感受到口渴。你们是如何察觉身体需要休息？恭喜你获得答题冠军：你感受到疲惫。你们是如何察觉到你的基本心理需求有没有被满足？答案是通过你的感觉！

这个结论的意义尤其重大，因为就像我们看见的那样，挫折复原力指数高的人有强大的意愿和能力来察觉自己的负面情绪状况，能准确地分析情况，来找回满足感。当你们有积极正面的感觉时，大部分情况都是由于有迹象暗示你们的基本心理需求得到了满足。比如，你做了一个很棒的项目展示，你的老板表扬了你使得你感到非常自豪，因为你对“自我价值提升”的心理需求得到了满足。相反地，比如主管领导告诉你，你们部门要削减人员，你会因为你对“导向和控制”

的心理需求受到侵害而感到害怕。根据你对情况的观察，员工们可能会出现两种情绪。一种情绪是生气，生气是因为你非常清楚公司赚了巨额利润，裁员是因股东的意愿而执行的。因此，你的“一致性”心理需求受到了伤害。从这一角度来看，你的感受如何全因你如何看待它而完全不同。有的员工也可能为这个裁员通知而开心。为什么？因为他们知道企业会为此付给他们高额的遣散费，也许大家正等着这个机会用这笔可观的起始资金自主创业。

满足基本心理需求时的不平衡状态和伴随着的短期、中期、长期出现的负面感受可能通过以下三种不同的情况产生出来：

1. 基本心理需求因极端因素受到损害。

2. 多种基本心理需求相互竞争冲突。

3. 对一个或多个心理需求过度地追求或回避。

05 基本心理需求的外敌

这五种基本心理需求都可能由于外部因素得到满足或被伤害。比如，你的老板答应给你一项你很想做的任务从而满足你“趋乐避苦”的心理需求。或者他在一个星期内给你布置了整整一个月的任务量，这完全不符合你的能力或者使你觉得忙碌，这伤害了你的基本心理需求。虽然孩子在学校里有过几次不好的成绩，但是当孩子获得一次好成绩时，家长表扬了他，那么孩子对“自我价值提升”的心理需求便得到了满足。而当家长整天对孩子说没什么工作适合你，或者不停地大声在孩子面前问，我怎么会有你这样的孩子，这便会伤害孩子的内心。当一个青少年被其他青少年当作是局外人或被嘲笑时，他对“建立人际关系纽带”的基本心理需求会受到伤害。反之，当他被当作足球队的新成员而受到热烈欢迎时，他的基本心理需求得到了满足。情侣之间要是一方对另一方一直重复说自己对这段感情不确定，那么就会伤害另一方对“导向和控制”的基本心理需求。反之，如果他说我会永远爱你，那就能增进这种心理需求。如果公司董事会停发员工工资而他们自己的工资却增长了20%，那员工对于“一致性”的心理需求就会受到损害。反之，如果员工的工资被停发了，而董事们的工资也一样被停发，那就能满足员工对“一致性”的基本心理需求。在上面这些例子里，人们都体会到了正面和负面的感觉。一个人会产生什么样的感觉，与他的视角有非常大的关系并且相当重要，这将在接下来详细说明。

06 基本心理需求之间的竞争关系

我们所有的基本心理需求也可能相互对立形成竞争局面，这会给人们带来不太舒服的体验，会导致不一致状态的出现，也就是一种内心世界的矛盾状态。当然，每一种基本心理需求也可以相互协调一致。当我们感到内心和谐，感觉良好时，那就是这些基本心理需求协调平衡了。在很多种情况下，当一致性出现，其他心理需求也平衡时，我们会感觉到真正的幸福。但这类情况在生活中非常少见，我也不需要特别强调。其实我们人类在持续的时间段里都是处于不一致的状态下，而且总会有比这更好的状态出现。

比如说一个女人有很强的意愿想获得成功的事业，借此满足自己对“自我价值提升”的心理需求和对“导向和控制”的心理需求。她一定是在小时候反复被父母灌输这样的思想和观点，“人生从不是甜如蜜”，“人必须自己努力才能成功”，“只有事业上的成功才算成功”。这些句子深深地刻在她的脑海中，也控制了她的情绪。当她将这些信念和价值付诸实践，在周末努力工作时，她正接近于满足自己的心理需求，此时她感受到了积极的情绪，比如自豪。但如果她的行为与这些信条相悖，在周末关掉了手机，负面的情绪便找上了她，像害怕或负罪感。同时她也感觉到自己内心对孩子和拥有自己家庭的渴望，渴望能与喜欢的朋友相聚。似乎自己只是在工作，也没有个伴，就这样36年转眼过去。

每当朋友给她打电话约她见面，她都感到内心的压力、不适，她能察觉自己有这样的想法：“还是呆在家里好好休息。你知道的，明天有几个重要的见面，这对你的职业生涯非常有用。而且你今天晚上还能把提案写完。”带着这样的想法，她拒绝了邀约，并向那几个早已厌倦这些借口的朋友保证，下次她一定参加聚会。然而，这很可能不会发生。当她说出拒绝的话，原本不好意思的感觉转眼就忘记，而她所有这些做法都给自己带来了情感上的慰藉。她的身体向她发来讯号：做得好！不然你也不会感觉好的。关于自己的乐趣和对人际关系的态度所采取的回避行为给她带来了积极的情绪感受，或者说终结了负面感受。在这个例子中的负面感受也许就是一种负罪感，因为如果她不这样做那就违背了自己“人必须努力工作才能成功”的信条。

通过上面的例子我们看到，这位女士对“自我价值提升”和“导向和控制”的基本心理需求与“建立人际关系纽带”和“趋乐避苦”的基本心理需求处于互相竞争状态。前面的两个基本心理需求在此时占据优势，但在这种情况中危险的是，事情会慢慢走向不好的方向，因为满足其他心理需求在一定程度上给人带来快感或者抑制负面感受，人们就这样一次又一次想要体验这种感觉。也许你会想问，本书之前提到过，有强大挫折复原力的人也能在带来积极正面的感觉方面做得很好，那么这种做法难道不是值得向往的吗？不是！因为这种做法不利于其他基本心理需求。这种情况最后大多以逐渐形成的严重的无意义感为结局，精疲力竭的状态，对生活失去希望，强迫自己不停地工作，甚至最坏情况下精神彻底崩溃。想想看：人们都想要得到真正的成功，但是如上述情况的解决方式往往也意味着成功事业的终结。这些人通常一边说着："我根本不知道自己想要什么"，一边就要请心理咨询师提供建议。

07 对基本心理需求的过度处理

作为对基本心理需求的最后一种影响因素，我们还可能表现出一种过度追求或回避的行为。从根本而言，这意味着我们内心并不处于平衡状态，可以通过一种过度的行为方式清晰地体现出来。这种行为方式就像我们学来的或者通过经验而得的态度、信仰、价值观或视角的产物。我们通过这种行为方式来满足一些过分的心理需求，并获得积极正面的感受，反之就会有负面的感受。无论哪一种情况，我们的行为都是一种过度的追求。

同样地，我们也会有强烈的愿望来保护自己某一基本心理需求免受伤害，比如伤害自尊，从而可能回避所有我们觉得会伤害自我价值的情况。这就变成了过度的回避态度，像我们能够观察到的尽可能地避免与人接触的社交恐惧症患者那样。我们把这些极端行为称为心理上的“冰山”。在本书的第四章第5节中你将会读到一些最常见的冰山。

比如一个人对“导向和控制”有极端的心理需求，只要觉得对情况失去了控制，他就会恐惧，并且更加努力地要控制情况。公司的一位管理层人员，他比以前更频繁地要求别人向他汇报项目进度，也许他就是我刚描述的这类人。如果从临床医学角度逐渐发展为近乎病态，那就是控制型强迫。有另外一个人，他在过去一直因体型被人嘲笑，这会导致他内心形成严重的自卑心理，因此他会花很多精力弥补这种心理。每当他认为自尊受到了伤害，就会感受到恐惧和气愤，并做出一些弥补性举动。他或许会买比邻居家的汽车更好的车子，尽量尝试站在所有人中间，或者通过对同事滥用权力来使自己重新感觉良好。从临床心理学角度来说，这就是一种自恋型人格障碍。还有另外一类人，被周围的人所喜爱对他来讲最为重要，他对建立人际关系纽带有非常强的欲望。这种心理需求通过一种“你必须时刻为你周围的人准备好付出”的态度表现出来。只要让他觉得他没有能力做这事，他就会感到恐惧，可能是一种对自己不再被别人喜欢的恐惧。之后他会尽自己最大的努力，通过更加卖力地讨好自己的朋友、家人和同事来重新找到内心的平衡。现在所说的这种人从临床心理学角度来看就是一种依赖型人格障碍。

有一种人认为，生活就是要过得有乐趣。这种人尽可能地把时间花在能真正给他带来快乐的事情上，避免去接触那些有条条框框束缚的事情。他们的生活可能是这样的：总是连着好几个小时玩电脑游戏，几乎每天晚上都出去狂欢，并且参加很多体育活动。而像为短时间内即将到来的考试做准备，或者打扫一下自己的房间这种事会立刻在他心中引起一种不适的感觉。但是他很快又能通过其他玩乐的行为方式很好地弥补这种心理感觉。这种依赖症会逐渐随着病态的烙印显示出来，比如说玩瘾、酒瘾或者考试恐惧症。我要讲的最后这类人对一致性有非常大的心理需求。他们的表现通常是，把生活中的一切事情安排得完美一致。比如说在他们的公司里发生了一些打破常规的改变时，他们甚至马上就想去老板的办公室打听清楚这对他们会有什么影响，但又不好意思这样明说。因此，他们整个一周都会过得不安宁，不停地想办法来使自己内心平衡下来。比如说他们会不停地打听这件事的相关信息，好让自己安心。这种对于一致性的追求如果变得非常极端而且病态，就常会以秩序强迫和过分的完美主义体现出来。

通过以上的详细描述，你一定已经清楚地了解了五种人类基本心理需求，也就是“趋乐避苦”的心理需求、“建立人际关系纽带”的需求、“自我价值提升”的需求、“导向和控制”的需求、对“一致性”的需求。值得注意的是，在所有我刚刚提到的这些例子中，第一眼看上去，这些人的做法无可指摘。因为人们都会有控制欲、自我价值的保护意识、想要给予别人支持和帮助、想要享受生活还有了解自己在特定的情境中该怎么做的渴望。只有当这些被过度追求，并且持续较长一段时间才会导致问题出现或者事业无疾而终。这也可能导致我们收获事业上的巨大成功，但这往往是以我们自己或者别人的健康做代价，就像我们将在本书的末尾看到，已逝的苹果公司的创始人史蒂夫 · 乔布斯（Steve Jobs）的例子。我要重申，我们在很多情况下往往是自讨苦吃，因为这些行为习惯通常是自己特定态度的表现。想要通过影响外因来改变往往没有意义，在这种情况下我们只能寄希望于自己。

08 神经生物学新知：我们可以做得更好！

你也许听说过来自德国哥廷根的神经生物学教授格拉德·许特（Gerald Hüther），他最大的贡献就是用一种简单易懂的方式让我们毫不费力地了解到，人类是地球众多生物中唯一一种有能力毕生不断学习新知识的生物——可能是一种语言、一种职业或者一种行为方式。我们的认知虽以神经结构的方式为构架，但是可以随时扩展或者更改，我们的大脑也会随之改变进化。

在神经生物学中，这个原理被称为神经可塑性。如果你在自我效能信念方面抱有比较低的期望，那你真的应该仔细看一看神经可塑性原则：我们人类不仅有可能改变外在环境，比如换工作，我们还能改变我们自己，改变我们看待自己和事物的方法。如果我们的想法不够精准，或者看待自己和事物的方式不对，给自己或者别人带来短期、中期、长期的伤害时，这就显得非常有意义。我们也能学会转换思考方式和做到创新。说到这里，可能你还会忽然记起在某方面你固有的认识，却在某一天学会了完全从另一种角度去观察看待。或许你的自我感受就因此好很多，你生活中某些事物突然变得非常简单。没错！你刚刚就体验了神经可塑性，这似乎就像进化论预计的那样运用了你的大脑。

通过研究我们得知，一个人的挫折复原力指数高低会因个人“思维方式”（Thinking Style）而大有不同。请你千万不要忘记思维方式这个词。要想解释清楚这个道理，最好的就是那个半杯水的例子：你把你最喜欢的一种饮品倒入这个杯子，比如说一种非常稀有又价值连城的红酒。当有两个人争论，杯子里到底是半杯空着还是半杯倒满的状态，你会支持哪一方？你显然会觉得这两个人是不是疯了，觉得他们的争吵真是无聊至极。为什么？因为两个人显然在这种情况下都有道理，所以他们也永远也无法说服对方。这个例子中重要的是，他们是如何思考对方的想法。我们把那个认为杯子里半满的人看作是乐观主义者，他肯定会因为有半杯酒而高兴并且享用它。另一个我们把他视为悲观主义者。他认为酒杯是半空的，每喝一口就徒增悲伤，觉得自己最爱的美酒正一点一滴地被耗尽。他可能还会生自己的气，气自己喝得太快。他会感觉到一系列完全负面的情绪，也无法像那个乐观主义者一样享用他最爱的红酒。这个情境告诉我们，重要的已不再是事实，而是我们对此的看法和感受。

通过心理学、哲学和神学的研究我们还获知，真正起到决定性作用的是我们看待事物的方式方法，而不是事物本身。拥有强大挫折复原力的人因自己独特的思维方式而与众不同，这种思维方式又反向对自我内心的感受有很大影响，它决定着一个人会做什么，有怎样的感受，外界对这个人有何种印象，比如在和一个潜在的客户、同事或者人力资源主管做自我介绍时。从外界的角度观察，思维方式无疑会带来不同的行为方式。好的思维方式会让人平静地应对压力，自信满满地着手做事，同时给周围的人留下积极向上的印象，自己更不会因失败而颓丧。当然，这个世界上不是只有一种正确的思维方式，况且如果每个人都以同一种方式思考的话，世界将会无聊至极。我们也清楚地明白，与之前所提到的那个半杯红酒的例子完全相反，那个悲观主义者的说杯子里有一半是空的，确实也有道理。然而，人们有时就是会想些荒唐的或者几乎不会发生的事情，我们把这称为不正确的想法，其中隐含好多思维陷阱。这里我要举一个过分乐观的男士的例子：他从50层高楼上摔了下来，下落到第30层楼的时候他还在想："至少到目前为止一切都还OK。"也有的人认为自己这辈子什么都做不了，当然也的确存在这种可能性，但是只有极少数人真的是那种什么都做不成的人。即便真的存在这种可能性，我也想要明确地否定。

我们的挫折复原力训练和咨询的主要目标就是让人知晓人类（的头脑和思维方式）是如何工作，并把我们的思维方式放大。仔细观察，在什么情况下它会支持我们使我们变得幸福成功，而在什么情况下它会成为我们自己的障碍。

在此处，你一定要理解的是，这本书绝不是教你说某种思维方式是绝对正确或者错误的，而是要你自己去选择什么才是适合你的。比如说一个有悲观主义倾向的人可以去找一份需要他能力的位置和任务，比如找个审计员或者负责核反应堆安全的监管工程师。起决定性作用的是，你的思维方式让你自己觉得如何。如果你有少许基于现实的但又估量不准确的对犯错的恐惧，你可以选择改变这种不准确的思维方式，或者找一个要你承担极少或者无须承担任何责任的工作。不过无论怎样，你都要答应我，接受自己的这些特点，接受自己现在的样子。

我还要讲一个例外。当你因为你的思维方式可能损害他人时，当你认为你总是对的、认为别人必须尊重你的观点时，或者比如说作为老板，你总是对下属大吼大叫时，就真要改变自己的思维和行为方式了。如果你还不照做，那我只能跟你说，如果同事害怕你、不是特别喜欢你，甚至躲着你，部门的员工常请病假就不足为奇了。因为平常我们经常能观察到这样的现象：有些人的言行举止很粗鲁，而他们自己又惊讶于周围人的人并不像想象中的那样喜欢他们。这种人甚至就把这视作他人不值得尊敬的原因。

太让人诧异了吧？我们人类的头脑都能形成怎样的思维方式啊！

09 总结

挫折复原力指数较高的人和其他人相比更加快乐、心理更加健康、更加从容镇定，也更加成功。这些不仅仅会在危急关头表现出来，在平常生活中也是一样。有强大挫折复原力的人通过满足基本心理需求来保持积极的情绪状态，当基本心理需求受到侵害从而产生负面的情绪感受时，他们会采取正确的方法使自己重新恢复良好状态。正确的方法之一是认知到这种心理基本需求不平衡的心态是由自身引起的，然后相应地从自身下手以求改变这种状态。

之前提到的七种挫折复原力要素就正巧会帮助你：不要简单地跟从你的第一直觉，而是控制你的冲动。准确地分析当下形势，想明白为什么会是现在这样，然后避免重蹈覆辙或者过早放弃。坚信自己能够掌控和影响自己以及自己的生活，体会到掌控的快感。你所相信的基于现实，相信一切都会朝正面发展，满怀信心地去工作。你可以很好地融入集体，与别人建立紧密良好的关系，能够从他人处得到支持和安全感。挫折复原力指数高的人还会给自己定下较高却可及的目标，并且凭借自身毅力和高度自信达成目标。

也许你在本书的大部分描述中找到了自己的影子，可能在这个或那个段落，又或者你完全没有找到与你的经历相似的部分。若是你已经决定提升你自己的挫折复原力，那你将在接下来的一个章节里找到多个我们称之为“技巧”的好方法。通过这些方法你可以强化自己的每一种挫折复原力要素，同时更好地满足你的五种基本心理需求。

CHAPTER 4

第四章

提升你的挫折复原力
——值得一试的10种技巧

在上一章中，我们了解到人们可以自觉地影响和改变自己的思维习惯，即思维方式。不仅如此，我们也可以通过研究挫折复原力来改变它。在接下来的内容中，你将能够接触到一个由10种方法构成的好点子宝库，通过阅读这些方法，你会知道具体应该怎样做。我们也把这些持续研究、改变一个人的挫折复原力指数的方法与途径，称为提升挫折复原力的技巧，因为只要你坚持使用这些技巧，你就能获得实实在在的、新的个人能力。

你将在接下来的几节中看到的技巧，如果你持续地运用，就会或多或少地对你的七种挫折复原力要素有直接的积极影响。我们已经知道，挫折复原力要素对于满足自己基本心理需求的程度也起到决定性作用。

在“专注于当下”这一节中，我会详细地讲述冥想练习的好处，这样的练习也能相应地帮助你感受自己的情绪，通过对自我性格特质更好地理解，给你的社交能力和移情能力带来积极的影响。通过这些练习，你也会学习到其他技巧，比如，建立更紧密的人际关系，这会直接影响到你“建立人际关系纽带”的心理需求。

同样地，对于思维陷阱的认知也能帮助你更好地找到失败的原因，而不是总把责任归咎于自己身上。由此，你的“原因分析力”和“自我效能信念”都会得到改善。而反过来，你对“自我价值提升”的心理需求也能够得到满足。为什么呢？因为你不会再反复地自我否定，不会再让自己疲累不堪。

但是，我还有一个坏消息要告诉你：我们每个人都会有根植于内心的自己的思维方式，这样的思维方式会削弱我们的挫折复原力，也容易让自己更加不快乐、不成功。所以在接下来的几页中，你很有可能会发现在你身上有着一个或几个让自己并不喜欢的缺点。你千万要按照我说的做，去接受这些缺点，也要接受自己，接受你现在的样子！因为这就是自信。然后，请你再尝试着针对这些不完美调侃一下自己，这招其实真的很管用！而后，我也有一个好消息带给你：我们既然已经学习了这种思维方式，那么，也就能够继续学习其他新的思维方式。下面的这些技巧就能在这方面给你带来帮助。

当你在接触这些技巧时，请不要把它们当作一种训练项目，它们并不是那种要你费尽心思去钻研的技巧。恰恰相反，你应该试着把它们看作灵感的源泉，或是当作一大束多彩芬芳的繁花，你一定能从其中挑选出一朵最适合自己的花朵——对此我信心满满！

01 爱它、改变它、离开它

我们现在的世界越来越复杂，而且仍在不断地变化着，因此，似乎数百万人都患上了心理障碍，没有人真正知道到底要怎么做才能改变眼前的现状——这是无可辩驳的事实。现在我给你们两条建议：第一，接受现实的样子，因为显然我们没有办法让时光倒转。第二，试着在自己的脑海中用“机会”这个词代替“多变”，用“自由”代替“复杂性”。你现在所做的就是我们心理学所称的重新构造（Reframing），它意味着用一个真实的、令人愉快的、对我们有益的视角来替换一种真实却令人不舒服的观察事物的方法。让我们来看看，下面哪个句子读起来让人感觉更好，并能给你更多的力量：“我生活在一个充满复杂性和变化的世界”，还是“我生活在一个充满机会和自由的世界”？这只是一个纯粹的思维过程，仅仅只是一个关于态度的问题。当然，重要的是你如何把握这些机会和自由，你做出怎样的决定，你如何做出决定，还有你是否能够合理地、智慧地把可支配的资源运用到解决问题中。

在我们身处的这个复杂而又自由的世界里，有几条简单却饱含智慧的法则，它们容易掌握，也能帮助我们更好、更有意义地把握自由和机遇。其中一句话就是："爱它、改变它、离开它或者继续忍受它。"

这句话的核心是什么？让我们举例来说。你已经连续几个星期情绪低落，不管怎样你都感觉很沮丧。你不停地推测原因，但结果对你来说也还是不太确定。沮丧了三周之后，你决心要找回原来的状态，你想要做出一些改变让自己好起来！现在你只能选择两种方式来解决眼前的困境，是的，没错，只有两种，别无他选。要么你改变自己，或者你改变带给你负面情绪的境况。没有其他更多的办法，这两种办法条例清晰，却真正地让生活变得简单，不是吗？

"改变它"和"离开它"所描述的往往就是在现有的情况下改变局面的可能性。你可以试着积极地改变当下情况，或者选择离开，这样你就能够脱离原本的窘境。"爱它"则意味着改变我们自己。这绝对不是要求你必须喜欢现在的情况，而是试着改变自己，来使自己感觉更好，从而能接受当前的情况。

在这里，我再给大家讲一个例子。在这个例子中，你们能够清晰地看到全部三种可能性。

三个月前，你的部门来了一位新领导。这位新领导和之前领导的工作风格完全不同。之前的领导，凡事都会交代得很清楚，他想要的是什么样的结果，希望事情如何发展，怎么样做。这很符合你的胃口，因为你至少知道自己不会做错事。而你的新任领导却与之相反，在和你的第一次单独谈话中他就向你表明，他作为公司新的领导从外面调过来，就是为了提高员工的实际工作能力和独立自主性。他希望向员工授权，就像现在许多其他公司管理者倡导的那样。你讨厌这个概念，然而，他对你这个老员工却有着更高的期望。这一点，他也用非常友好的语气告诉了你。而结果是：你感到非常沮丧，你的妻子也慢慢觉察到了这样的变化，她和你谈了以下三种可能性：

第一种。

你们一起考虑，是否干脆换一个部门工作。另一个部门的领导已经向你提供了岗位邀请，并明确表示十分地期待你的加入，于是你便动了想离开当下工作的念头。

第二种。

你在想是否应该和你的新领导再谈一次。毕竟就你现在的工作来说，这位新上司还是有可能给你空间，让你继续按以前的工作方式发展的。你想推掉一些任务，少承担一些，这也不是没有可能。也就是说，你在考虑通过影响这位新领导来改变当下的情况。

第三种可能性。

你的妻子也尤其支持这种做法。你考虑彻底改变自己工作的方式，也就是改变自己。这就是“爱它”的策略。你的妻子告诉你，她认为你过分隐藏了自己的锋芒，你其实可以取得更多的成就，只是在上一任领导的带领下，你一直没有机会发挥自我。你还记得七年前，你的前任领导在这个部门刚刚开始展开工作，你曾对他本人和他的控制欲是多么的生气。或许，你现在所面对的这种新局面，对你来说会是一次崭新的机会。

在接下来的几页，我们将着重探讨如何实践“爱它”这一策略，因为这种策略对于自身的幸福感，还有提升自己挫折复原力方面有巨大的潜在影响力。至于如何及时地离开某种情况，也就是“离开它”的策略，我们在这儿不会深入细说，因为这对我们来说并不是很困难。而“改变它”这一策略，也就是主动去影响其他人，我会在接下来的章节提及，并把它同第二种能帮助你强化和保持挫折复原力的技巧结合在一起讨论。虽然可能长久以来你都不具有足够强的挫折复原力来应对生活中的许多情况，但在你能够运用这技巧之前，请依然试着去接受我这里提到的“爱它，改变它，离开它”这一视角和思维方式。这对你在将来能有效并高效地利用你有限的资源来说，是非常重要的一步。

02 检查自己的影响力

就像之前所提到的，我们不在这里深入讨论那些遇到困难或者陷入选择就想“离开它”的情况。有关这一点，生活中有数不清的人已经给了我们实际经验，而有关于积极正面的情况，也有许多很棒的书籍描述，比如罗伯特·B. 乔尔迪尼（Robert B. Cialdini）教授的《信念心理学》（*Die Psychologie des Überzeugens*）。但是，借由这个思考角度出发，我们也应该停下来自己好好想一想，当我们处于负面的心理情感状态时想要达到正面积极的状态，需要决定采取本书之前所描述的哪种策略。你们一定记得，这个被称为“情绪掌控力”的因素是非常重要的挫折复原力要素之一。

有关如何获得更强的挫折复原力，我的第一个建议是：检查自身的影响力。

这么做的目的是什么？在你面对选择，要改变当下情况，还是离开它或者改变自己之前，你必须先想一想：你是否能够改变现在的情况，是否能够影响它。你们一定还记得我的朋友迪恩·M. 贝克尔的那句话："挫折复原力是对有限资源最具智慧的调控。"

挫折复原力是智慧地运用有限的资源。这句话让我们明白，把精力和时间浪费在尝试改变我们根本无法改变的事情上是完全没有意义的。同样地，如果你试着去改变一些事，却又过早地放弃了，那么你之前付出的精力也会被白白浪费掉。

我们可以划分出"三种界域"。我们也能够通过这三种界域的界定，把所有与我们有联系的因素、人和事件做出归类总结。我们作为独立的个体，身处这三种界域之中。

界域一是离我们最近的一个区段。在这一区段里，我们能找到对我们能够造成影响的所有东西。我们自己也属于其中，因为我们总能够在自己身上产生影响。这些对于一个有很高的自我效能信念的人来说，再清楚不过了。他能够戒烟、减肥、增加运动，也能接受别的视角。在界域一中，我们也能找到所有我们能够起到影响作用的东西。比如，我们自己公寓里东西摆放的方式，我们如何安排自己的工作，又比如，我们和朋友见面的频率、运动的频率，以及我们度假的地点，我们自己的职业生涯道路，我们教育自己孩子的方法，等等。

界域二这个区段中包含了全部我们有可能影响到的因素。我们自己也许并不确定，是否我们的行为真的能够对一个人，或一种情况造成影响。我们周围的绝大多数人都在这个区段里。如果你是领导，你的员工就是这些人。如果你不是领导，那么你的同事也属于这个区段。如果你有稳定的伴侣，那么你的爱人也在这个区域范畴内。也许，你的爱人是那种很难接受批评的人，而你特意告诉他/她，你希望他/她要改一改自己的行为，众所周知，你的爱人非常不喜欢听到别人的批评，你真的很难说服他/她接受你的建议，不把你提到的这些当作人身攻击，而是看到你想要帮助他/她的善意。换句话说：你也不是很确定，你对爱人的干预是否能有成效。

处于第二界域的因素具有太多的不确定性，我们总会遇到这样的人，他们会过早或者过晚地选择放弃采取相应的行动，而浪费了宝贵的资源。我作为心理训练师在与学员的对话中也时常经历这种情况，一些领导总会和我述说自己与员工、同事或者他们的领导之间产生的问题。每当这时，我都会问他们一个很简单的问题，他们是否把跟我描述的这些情况都跟那个人说过，问题的答案使我感到惊奇，几乎每个人都回答道："没有说过"或者是"这没有什么意义"，诸如此类的答案我听到的太多了。而事实上，这些人也从未尝试过改变什么，却常抱着放弃的念头，他们从未想过以任何一种方式与有问题的员工或者同事坐下来谈谈。

这样的人，我们就可以形象地把他们归类于第三界域——"无法影响的界域"，我们也马上要讲到这个界域。从这个角度来说，他们也会长期被戴上人们常说的"不会成功"的帽子，因为他们总是放弃得太早，在职场上的表现为太频繁、太快地换公司、换部门、换同事等。刚刚描述的恋爱问题，尤其是长年单身的人应该非常了解这样的境况，因为情况很相似。有些人在认识伴侣后的前面几个月里，看到了这样那样的一些自己不喜欢的性格特点，因此就很快地以一句：“我觉得我们俩不合适”结束了这段感情。值得讨论的是，关于两人有哪些地方“不合适”彼此的争论，我认为是无意义的。因为做出分手决定的那个人，无论从情感上还是思想上来看，貌似都不作为地、冷漠地站在太遥远的地方，不想尝试改变。所以，“不会成功”的特点，也可能显现在人们的情感生活之中。

属于界域三的事物就是我们前面提到的“我改变不了的东西”。人们该如何对待这些事物，我的建议是：练习自己泰然处之的态度，拥有它或者学会它，这是一种有强大挫折复原力的人尤其突出的特征。让我在此向各位再一次强调，泰然处之的态度和漠不关心完全是两码事。漠不关心是一种把人拖在原地的，最后成为负担的状态，于人于己都没有做任何改变。我们自己扮演受害者的角色，并且最后往往变成玩世不恭的态度。这种状态很遗憾地已经在公司里的许多员工和领导身上得到体现，它已经通过许多改变过程和重组蔓延开来，而最后它却无法带领人们走向任何成就。“看看今天又有哪个傻子要倒霉了。”这是一句人们现在常听见的话。说这些话的人往往都是漠不关心的或者对变化毫无察觉的人。他们之所以会变成这样，是因为太多的改变过程对他们来说是非常艰苦的，而且效果非常微小。拥有强大挫折复原力的人却是另外一副样子，他们除了之前提到的沉着外，还拥有目标性，坚定有勇气，有纪律，能冷静地处理问题和运用技巧。

在下面这两类人中，你会选择哪一个人来照顾你的宝宝？一个在危急情况下拼命地跑出这块地方的妇人，还是冷静地、有秩序地把要做的事情都做完的妇人？你们会委托谁来扑灭你们家的火灾？是一个急急忙忙到处跑，并且让他的战友也这样做的消防员，还是一个冷静地有条理地给出所有必要指令的消防员？你们又会委托谁来管理你们陷入危机的公司？

这个世界上有许多我们明显无法改变的事情，有时，我们只有在仔细的分析之后，或者通过尝试一些完全不同的策略仍没得到想要的结果时，才意识到这一点。这些事物在我们的脑海中徘徊于界域二和界域三之间。天气、死亡、不可治愈的疾病、别人离开我们的决定、公司开除我们的决定，或者更简单的，我们快要离开地铁站乘坐自动扶梯时它却坏掉了，又或者是你被堵在完全动不了的高速公路上，以上这些都属于我们无法改变的事情。尤其值得注意的是，虽然在这些情况中我们自己的影响甚微，但我们对他们的情感反应却是最激烈的。这也有一个可以理解的原因：在这些情况下我们才意识到我们的自由的界限就在眼前，我们其中一个基本心理需求受到了非常严重的侵犯，那就是我们对于控制的心理需求。

我在这本书的开头曾提出过假设，假设的内容是：正是如今极度的个人自由导致现在许多人承受着抑郁和对生活绝望的痛苦。只要这些人遇到自己的自由受到限制的情况，就会有极端情绪反应产生。我们人类难道不就是一种不可思议的、极其自我矛盾的生物吗？渴望得到自由，又惧怕自由带来的烦恼。

有关自动扶梯的一件小事

让我们再重新回顾一下那个简单的自动扶梯的例子，因为在这个例子中，你和有强大挫折复原力的人或者不太坚毅的人表现得会惊人的不一样。假设有两个人，他们都因为工作上的不顺利而感到身心疲惫，他们下了班之后迅速地买了点东西，到达了各自的地铁站。两个人都因为快到家了而感到高兴：能够整理冰箱里的食物，冲个凉水澡，因为一整天在办公室非常热，现在他们能够回到家里舒服地跷起脚，喝一杯啤酒庆祝。很快地，他们都走到了自动扶梯那儿，从地下走到地表需要跨越80级台阶，呈现在他们眼前的是一片混乱，自动扶梯又一次坏掉了，而此刻他们也显然改变不了任何事。两个人都在第一秒钟感觉到了同样的情绪：愤怒！第一个人大声地宣泄出自己的愤怒，他咒骂这个扶梯，咒骂那个把这个自动扶梯弄坏的捣乱者，还咒骂这个电梯的运营部门没有能力快速解决这种问题。他还咒骂自己的命运，因为像这样的事情仿佛一直发生在他身上。第二个人站在旁边，当然他也感到愤怒。他看着旁边的那个人在咒骂，他对自己说：“像他那样生气根本毫无意义，因为人们对此根本什么都做不了。”除此之外他突然想起来他这一整天都是坐在椅子上办公，几乎没怎么运动。即使眼前并没有其他选择，但仔细想想，拎着几个重袋子爬过80级台阶对身体也很好。虽然在爬到一半的时候他感觉不是很好，他也坚持爬到顶，使自己重新感觉良好。他觉得能够有点上气不接下气，能感受到自己的大腿肌肉轻微颤抖。你们觉得，当第一个人到达最后一级台阶时他的情绪状态是怎么样的呢？每当我在活动演讲的时候讲到这个故事时，我百分之一百确定在房间里有一到两个人会对我刚才所说的话提出异议，而且时常以一种比较激烈的，有时很侵略的方式向我提问。要么就是“对，那如果我生气了又会怎样”，要么就是“那我看挫折复原力也不过就是说的好听而已”。对于第一种抗议，我一般会反驳说：“没错，这是你的决定！”因为这的确是一个非常好的例子，一切都看你自己是否要对此大发雷霆。这个例子也告诉我们，我们其实是像我们一开始所想的一样，能够很自由地进行选择。

对于第二种反对的意见——认为挫折复原力不过是言语的美化，我会用一种非常清楚的方式回答。当你总是想听漫天的好话，你的态度其实并不是真实的，你就错了。可能会有这种情况，当第二个人爬台阶的时候他夸张地对自己说，这是他人生当中能遇到最美妙的事，因为他战胜了愤怒的情绪。以下这种情况却又完全不同，这两个人都有各自的道理：第一个人想着他一点也不走运，要是这个运营公司能够更清楚更快地把一切都解决那不是更好，况且有人故意把自动扶梯弄坏，的确非常反社会。这些都没问题。而第二个人，当他说稍微运动能够帮助他释放工作一天所积蓄的压力时的确也有道理。两个人说的都很有道理，但这两个人之中谁在谁以前结束爬台阶并会有更好的感觉，觉得更加幸福呢？大家千万别扭曲夸张事实。要是自己往上走到地面，拿出手机打给运营公司，并且向他们投诉，也没什么妨碍那两个人的。但第一个人用一种极具侵略性的方式消极对待问题，而第二个人显然以一种更平静、更为他人着想的方法对待问题。

让我在此再次强调，拥有强大挫折复原力的人并不是有意识地做这些事情。他不会站在自动扶梯前对自己说："好吧，我要生气了。""我是否能影响现在的情况呢？""不能，好吧，那我现在该找点什么正面积极的事做呢？"不是这样的，所有的一切都自然而然地发生，并且让他自己觉得运动一下是好的。他在内心有着自己固有的看待事物、思考事情的方法，他们的思维方式让他们能够感觉更好。人的思维方式一般都是从自己父母那边学来的。我们知道，我们能够学习换一个角度思考。但是更重要的是，我们首先要分析自己的思维方式，基于这一点才能继续学习新的思维方式、行为习惯、信仰、价值观等。

面对无法改变的事

接下来的章节里，在我们总结思维方式之前，让我们再来看一看，面对自己无法改变的情况时，我们到底该做些什么。有些时候，当我们无法改变眼前的情况，这会特别地引起我们的注意，因为像之前提到的那样，这种情况总会引起我们非常强烈的负面情绪。为什么呢？因为现实和我们对于自由和控制的意愿之间存在着非常巨大的不一致性。

那么，大家再稍微想一想，如果你有一个朋友或者熟人，他长时间地陷入一种无法解决的情况之中，束手无策，你会想要给他什么样的建议？显然，这些建议一定包含在接下来的这10种最常用的策略当中：

1. 你会建议他脱离这种情况，尤其是当他处于一种不快乐的工作状态中，并且他已经尝试过所有的办法去改变他的同事都无用。

2. 你会建议他再次认真考虑一下，是否真的无法改变现状。比如和事件相关人重新进行一次对话。

3. 你会建议他不要漠不关心或者玩世不恭，要保持冷静、有耐心，采取正确的策略，变得积极主动。

4. 你会建议他在这种情况下去看积极的一面。比如前面扶梯的这个例子，第二个人在自动扶梯坏掉的时候看见了让自己稍微运动一下的机会。

5. 你会试着和他一起去发现这件事的意义所在，就像维克多·弗兰克尔形象又生动地描绘的那样。

6. 你会建议他设定新的目标并为之奋斗，以此来重新找回自由和控制的感觉。

7. 你会建议他跳出局限，别只关注自己的幸与不幸，也去体会一下别人的痛苦。是否有人明显地处于比他还要艰难的环境中并且需要他的帮助呢?

8. 你会建议他和其他人建立联络，经营好自己的友谊，不要总是躲在自己的世界里。

9. 你会建议那个人接受自己现在的处境，并告诉自己生活不会一直处于一片光明。

10. 你会借史蒂芬·柯维（Stephen Covey）的书《高效能人士的七种习惯》（*The 7 habits of highly effective people*）中的模版给他提供建议，让他集中注意力在自己能改变的事情上（“影响力循环”，Circle of Influence），而不是困扰你的东西（“死角循环”，Circle of Concern）。借此人们会重新获得自由和掌握控制的感觉。

你看，有许多种方法可以帮助我们处理无法控制的情况，借此重新找回控制感和方向。当然，我们也会遇到一些情况，不能简单地说：“让我来看看我现在能做什么”，用这10种策略也许并不能解决。首先，你需要接受当下情形，并承认随之带来的一些负面的情感变化。但是，等过了一段时间当你的活力又恢复的时候，这10种策略就能够很好地帮助你慢慢找回正面的感觉，重新帮你找到生活的意义。

我们能从奥斯卡·辛德勒（Oskar Schindler）的一生中学到什么

奥斯卡·辛德勒的一生是一个凭借直觉检验自身影响力的最简明、最形象生动的例子。我想，可能大部分人都看过《辛德勒的名单》（*Schindlers Liste*）这部电影，请大家在自己的脑海中再次回想一下片中的桥段，或者大家把书放在一旁，再看一遍这个故事，这样会更好。

从奥斯卡·辛德勒相关的电影和传记中我们知道，辛德勒是一个德国的企业家和追求享乐的人。他自己本身就是一个纳粹分子，他在第二次世界大战期间去了克拉科夫（Krakau,波兰城市）碰运气，想通过第二次世界大战和德国统治带来的变化在当地赚点钱。他“获得（收购）”了一家搪瓷制品工厂，同时为德国士兵提供用餐，他也因此变得富有。在克拉科夫的日子发生了一件令他印象深刻并完全改变他的态度和生活的事，有一天当他和他爱人骑马出去时，正好看到了由阿莫·戈特（Amos Goet）监管的克拉科夫平民窟大屠杀。你们一定还记得那个穿着红色大衣的小女孩（整部电影除了她都是黑白的），辛德勒在山丘上看着她恐惧和无助地逃跑。从那一刻起，奥斯卡·辛德勒就决定做点什么。一开始他是犹豫胆怯的，后来他的会计伊兹哈克·史戴纳（Itzhak Stern）鼓励他，他才救助了越来越多的犹太人逃脱他们必死的命运。这个数字最后停留在1200。这些就是后人所说的辛德勒所救的犹太人。

他是通过自己的直觉和不是很有把握的分析，找出了他能产生影响的方面和不能影响的因素，才最终救下了这么多犹太人。他没有浪费任何精力和资源去推翻德国统治，他知道这种大胆的行为很有可能导致行动失败，而这远远超出他可以影响的范围。

他不遗余力地说服其他公司，像他一样做同样的事情，付钱购买他们“自己的”强制劳工，从而使他们获得自由身。他也曾尝试劝说暴虐的集中营指挥官阿莫·戈特，不要将权力滥用于杀人上，而是应该尽力去赎罪。这对他来说完全在他的最终能造成影响的能力范围之内，但后来辛德勒才看清楚，他想改变阿莫这个计划失败了。因为阿莫从可以被影响的人变成了不能被影响的人，而辛德勒必须接受这一点。

但他没有让自己变得沮丧，而是继续想办法完成他的目标，他变得极其冷静并且考虑周全。演员连姆·尼森（Liam Neeson）在银幕上将辛德勒的冷静形象生动地展示给了观众。他在最后一秒从快要出发的火车上救下了他的会计员。他让别人往挤满犹太犯人，处在火热太阳底下的火车厢喷水来给犹太人消暑。他给被戈特虐待的女管家安慰。他给了阿莫很多钱来拯救快被处死的强制劳工。他工厂里制造的弹壳都是有问题的，因此无法送到前线给别人使用，并且牺牲了他所有赚的钱。这一切都是在他影响范围之内的。

“拯救一个人的生命就是拯救全世界。”

那些被辛德勒拯救的犹太人在重获自由之后，把自己假牙里的金子拿出来做成一枚戒指赠送给他，并在上面刻下了这句话。辛德勒在他的生命中所达到的成就，不需要用更多的言语来纪念。西德政府曾给他颁发十字勋章、出版写着他名字的纪念邮票，人们又拍了一部获得七个奥斯卡奖的电影来纪念他，但这些都不足以完全歌颂他一生的事迹和贡献。为什么他能做到这些？因为他懂得，凭借勇气和决心他能够智慧地运用他所能支配的资源。

03 塑造观念——改造你的思想

如果你觉得你已经明白了上一节所讲的内容，并认为当你处于一种让自己感觉不愉快的处境中并有能力改变当下，你就应该选择“改变它”这种策略的话，那么你就有些理解错了。这里，我有必要再一次强调一下。

几乎所有人都倾向于改变外部条件，而非改变自己，因为这似乎看起来更加简单。不如我们举例来说明一下：有一位员工无法接受上司对他的批评。他知道，他的上司很喜欢讲话并且耳根子软，所以他决定与上司交流一下。如果这个上司是一个非常注重服务效益的，并且同时又是一个不太能够坚持自我的人，那么他便会满足员工的愿望。之后会怎么样呢？这位员工当然会非常满意，但是，他也许会因此失去锻炼自我受批评能力的机会。他会在短时间内感到满足，但是从长远来看会怎么样呢？在这种情况下，“爱它”策略对于他的个人以及事业发展难道不是更加合适吗？

爱比克泰德（Epiktet）的故事

爱比克泰德（Epiktet）（50—125年）是古希腊的一位哲学家。他学术事业的“成功”是在经历了很多艰难之后，因为最初他是以奴隶的身份来到罗马，而后被爱帕夫罗迪德（Epaphroditos）收留。爱比克泰德这个名字本是主人对他的称谓，意思是“新得来的奴隶”。试想一下，如果你每天听到“嘿，新买来的奴隶，你过来一下”，你的感受会是如何？在做奴隶时他就在斯多葛派（Stoiker）的鲁佛斯（Gaius Musonius Rufus）那里学习哲学，在被释放之后，他成为斯多葛派的代表人物之一。这一哲学流派的一个核心思想就是，如果我们无法改变外在环境，那我们就应该平静地承受它。这和前面章节中我们提到的有关“检查自己的影响力”所描述的并没什么不同。此外，他的学说还传递给我们另外一个同样重要的说法：“影响我们的不是事物本身，而是我们看待这些事物的眼光（角度）。”

让我们现在再回想一下自动扶梯的那个例子，你就会明白，这句话究竟讲明了什么道理。A望着自动扶梯，想到那些恶意损坏扶梯的闹事者，想到没能修好扶梯的交通公司，又想到命运总是待他不公。总之：这世界本来就是很糟糕的、不公正的，还存在像他这样的人很不错了啊。这个人会有怎样的感受？他会很气愤！B也在最开始的时候也感到气愤，但是他对自己说，做做运动对他来说是件好事。这件事又会让他有什么感受？当然他会不开心，但是至少会心情平静，并再次建立起这种状态：人们并非为事物本身烦恼，而是为他们自己对事物所持的想法而烦恼。两个相似的人，有相似的经历，并处于一样的境况，然而两个人的感受却是完全不同的。

一切都取决于态度——学唱自己的“ABC”

给这小节命名为“学唱自己的ABC”绝不算是明智之选，因为这个题目很可能会让许多读者产生反感。这句话让我们回忆起我们学生时代的初期，同时也经常代表了无忧无虑的玩耍的结束、学习规则和重视成绩的开始。然而我也必须要借用这句话，就像凯伦·莱维奇和安德鲁·莎特博士在他们的书《适应力因素》中所讲述的一样，举世闻名的心理学家阿尔伯特·艾利斯（Albert Ellis）的ABC模型是挫折复原力概念最为核心的模型之一。

ABC模型非常适用于挫折复原力这一主题，因为它构成了艾利斯提出的理性情绪行为疗法（Rational Emotional Behavior Therapy，REBT）的核心，在挫折复原力方面正好涉及了我们的理性，也就是我们的思维方式和情绪。这两个方面不能看成是分开作用的两个机制，而应该作为一个整体来看待。所有人都同时受到理性和感性两种情绪的控制，理性与感性无法严格区分开，人们只是以不同的模式既理性又感性。ABC模型同时是科学上最好的模式之一，许多心理治疗师会在其他治疗过程的框架下使用这一模式，尤其是在采用认知—行为治疗措施时，其效果已得到科学证实。虽然本书不涉及心理治疗，但是我们也可以运用这些普遍有效的、对健康人群也适用的作用机制。

ABC模型具体指什么？

A（Activating Event）代表引发个体反应的情境；B（Belief Systems）代表我们对情境的阐释，即信念系统；C（Consequences）代表由该情境产生的结果。

这个模式就是应用了爱比克泰德的观点并指出，我们的感受和行为方式并不直接遵循遇到的情况而产生，而是像被软件处理过一样，先要被“我们看待事物的眼光和角度”影响加工。也就是说，我们固有的这些态度在一定程度上像催化剂，让我们在遇到一种情况时产生特殊的感受。所以，如果一条自由跑动且具有攻击性地盯着人看的狗，当它没有被皮带牵着，主人也无处可寻时，大部分人很可能产生一种恐惧感，这种反应是有意义的，因为它会保护我们。但是，如果一个训犬师，二十年来一直和攻击型犬打交道，并且非常清楚地知道，在这种情况下他应该怎么做，那么这个人会有强烈的恐惧感吗？答案很可能是，不。

经典心理学主要是研究人们诸如悲伤、恐惧、失望、愧疚等负面情绪状态的一门学科，并且心理学试图发展出再次让人们产生积极情绪状态的方法。所以我们当然得弄明白，负面情绪状态是如何产生的，所以刚刚描述的场景可以看作是心理学的最佳证明之一。如果说除了外界环境，我们的态度也同时是引发我们不好的情绪感受的原因的话，我们是否也能够学会帮助自己选择一个良好的态度，给自己带来那种良好的情绪感受？是的，我们能够做到，这一点神经生物学

（之前已经提到过的）也在神经元层面上明显地证实过了。

为了做到这一点，成功地扭转自己的态度，你首先就必须要“学唱自己的ABC”，也就是说：

1. 找出哪些情况总是会导致负面情绪（A：引发个体反应的情境，Activating Event）；

2. 找出在这些情况下你会产生何种情绪（C：结果，Consequences）；

3. 找出哪些态度导致你总是会有这类感受（B：信念系统，Belief System）；

4. 找出这一情境下，你更希望自己有哪种情绪（E：效果，Effect）；

5. 找出哪种态度能够让自己有这种新的情绪状态（D：驳斥，Dispute）。

如你所见，艾利斯后来又加上了字母D（驳斥，Dispute）和E（效果，Effect）。E表示的是由于具备了新的“信念系统”（Belief Systems）而得到的新的情绪或者行为的结果。对此，请听我讲一个简短的故事。

“心理学家有时自己也迷迷糊糊”

当然，这样的一个标题只是一种戏谑，我在这里想证明的是，“心理学家选择这门学科是因为他们自己就需要一名心理学家”，这便是事实。为了说明我是怎样做的，我要给你讲述一个自己生活中发生的、关于我怎样“学唱我自己的ABC”的故事，当然我当时是必须去学习的。

当我四年前决定再次创业时，一方面我充满能量和动力；而另一方面，我也心怀疑问，并不确定自己是否真的能够完成这次改变。我曾经有过独自创业的经历，但没有好的结果，于是接受了一家德国物流贸易集团提供的职位并在这家企业工作了三年。三年里，我对在这家公司工作的热情随着时间的流逝消失殆尽，而热情慢慢褪去的主要原因来自我自己，因为我越来越意识到，我不再适合为雇主而工作。这时，我面临的选择是，要么改变自己接受现状，要么就离开这样的境况，再次回到创业生活中去。虽然当时正值经济危机，我还是相对迅速地做出了决定。我提交了辞呈，经历了漫长的解约期的煎熬，六个月以后我真正地离职了。

就这样，我结束了为别人打工的最后一个工作日，坐在属于自己的办公室里，我心里非常清楚，一切才刚刚开始，接下来我需要自己去找客户和订单了。在这之前，我当然去过劳动局，知道接下来的九个月，国家给新创立公司的补贴暂时可以满足我目前的花销。因为订单真的不是说想得来就能找到的。三周后，总算出现了一次幸运的机遇。我以前的一个上司听说了我的情况，他比我早几年创业，正在寻找一名培训师，为他在德国一家电信企业的一项大型人才发展项目提供支持。他非常看重我个人和我身为培训师、人才开发者的能力。这项工作只要我每年大概做三十天的顾问，对于好好地开始我一段新的人生是绰绰有余了。对我来说,这就是突破！如果我顺利拿到这项工作，我就可以成功地开始了，一切就都会越来越顺利！

一周后，我们相约在一家咖啡馆里见面，时间提前了一个小时。天啊，那时真是我紧张极了，手心冒汗，心脏剧烈跳动，脑子里闪过一千种想法："如果不成怎么办？""我得怎么做才能让客户选择我？""如果我以前的上司拿到了项目，却拒绝我做培训师该怎么办？"

除了紧张之外，我还感到恐惧，而且是非常恐惧。我当时并不了解"挫折复原力"，也不知道怎样才能平静下来，我完全被我的情绪控制着。之后，我和四位人事负责人的谈话一直伴随着这种强烈的紧张感。我本来就习惯说话很快，而我的紧张使之更甚。离开会谈时我坚信："你紧张成这副样子，这辈子你都别想他们能任用你了！"

一周后电话铃声响起，是我以前的上司打来的，他来向我转达那家企业的决定。他说，尽管对他来讲完全不能理解，但是那家公司决定将项目交给他做，而条件是推荐一个除我之外的培训师。他们并不信任我。我试着掩饰我的失望，我对他说了"我之前也预想到过这样的结果"之类的话，企图掩饰自己的情绪，但是当我放下听筒时，我感到失望透顶，尤其是对我自己。对我来说所有情况中最糟糕的那个出现了。是的，项目是拿下了，但是我却不在项目名单里。

在随后的几天中，我沮丧至极，难以从这个打击中恢复。"想要独立创业你太缺乏自信了"，"这是你人生的机遇，而你现在却把它搞砸了"，"这太难堪了，不能跟任何人讲"，这些只是我脑中对这种情况和我自己产生的想法的一小部分。我想，你一定可以从这些想法中想象得出我当时的感受。

在那之后我还是慢慢从打击中恢复了过来，我也成功在接下来的几个月里拿到几个小项目，渐渐找回我的自信心。但是在项目接洽会谈前，我仍会感到高度紧张。与此相对的，我会在商谈前的几个夜里都睡不好觉，很早就起床，再聚精会神准备一次会谈的内容，试着用一切方法来控制住我的紧张情绪。我需要面对商谈的项目级别越高，我的紧张感就越强烈，我脑中一直反复出现的想法是："你还完全不够自信去到如此高的层面工作。"我的女朋友有非常细微的观察能力，她察觉到了我的紧张，也没有坐视不管，她在等一个时机与我交谈。我向她解释说，我现在处于财务压力之下，而她作为一个上班族不能理解，这都很正常，我利用一切可用的方法去辩解和维护自己。但是她没放弃，只对我说了些极为简单的话，却让我愣住了，这番话从此在我的脑海中挥之不去，对我的幸福生活和事业成功起到了决定性的积极影响。在我把她对我讲的话告诉你之前，你先想一想，在这样的情况下你会建议我怎么做呢？

她说："你已经以做你自己的方式取得了很多成功了。对，你有缺点，但是也有很多优点，用这些优点你已经赢得了很多客户的信任，成功完成了很多项目了。为什么你不直接在谈判时做你自己，并关注到自己的优点做你自己呢？"

每当我在团体活动的时候讲到这个故事时，我就会问参加者，就像前面问你的那样，在这种情况下会给我什么样的建议。我已经向好几百个人讲过这个故事了，而我也一次次重新震惊于我总是会得到相同的答案，也就是和我女朋友当时说的一模一样：做你自己，只专注到你自己的优点！

在这里，我不会说我从那以后再也不在项目洽谈前紧张。那也没有意义，因为从研究中我们知道，在中等程度的紧张水平下我们的成绩是最好的，因为我们会全身心投入。但是，每当我感受到恐惧带来的不适感时，我都会对自己说："只要做你自己就好"，"如果做不成，只能说明这是不适合你的"。然后我的优点就又会被召回到我的记忆里，我会想想那些我曾成功处理过的类似的情况。

你觉得这样的做法和想法会带给一个人什么样的内心感受？是的，这让人能冷静和自信，通常我脸上会带着一种真实的、开怀的笑容。令我十分惊讶的是，这种自信的展现也使得我拿到了比以前还多得多的委托，这样的一种效果完全在我的意料之外。你更愿意将任务委托给谁呢？答案再显然不过了。

"挫折复原力"描述的是我们应对挫折的能力，就像在我自己的案例里描述的那样，是应对压力的能力。当我不再用原先的、固有的态度来工作时，我的挫折复原力也得到了强化，我还提高了自己应对压力和挫折的能力，促进了我职业的发展和个人的成功。前面提到过的七种挫折复原力要素中的情绪掌控力、冲动控制力、现实乐观主义和自我效能信念，都因为我的态度的改变而产生了新的改变。这只是一种态度，只是一个想法，但是对结果的影响却是惊人的。我学习了"我的ABC"，我和我的伙伴一起对我的思想做了重塑。这就是观念的塑造，思想的改变。

如果你再回忆一遍我在前面列出的五个步骤，那你对如何增强自己的挫折复原力问题的答案就会是如下这些：

1. 尤其在项目洽谈前（遇到的情境）

2. 恐惧（该情境可能引发的情绪）

3. “我不够好”，“我不会符合要求的”（固有的思维）

4. 冷静和自信（重塑观念带来的效果）

5. “做你自己”，“做不成的也是不合适的”（重塑观念）

我们的感觉，我们的行为，心脏的剧烈跳动，出汗或颤抖的双手，以及在这些情况下像新闻字幕一样快速掠过脑海的一切想法，正是我们对某种境况以及当时情境下自身的看法的表现。但是，能让人欣慰的是：这个过程不是单行道，它并非只作用于一个方向。通过观察自己的感受、反应、行为和想法，我们就能对这种境况和我们的态度得出结论，最后有意识地改变自己的态度和行为，得到我们期望的结果。

我知道，所有的这一切听起来很容易，而且在某种程度上让人感觉非常机械。只要用态度B去替代态度A，一切就都会好起来。如果谁这么跟你讲的话，那他就是在撒谎。实际上，这更多的是一种真正的内省的过程，首先你必须要非常诚实地面对你自己，而且这个过程中最好要有其他人支持你，因为这样一个内省、改变的过程想要一个人独立完成，真的不太容易做到。

因此，阿尔伯特·艾利斯（Albert Ellis）在他提出的原有模式中，又添加了之前提到的字母D和E，最终发展出ABCDE模式。“D”（驳斥，Dispute）代表对我们固有的态度和思维的质疑和驳斥，“E”

（效果，Effect）代表的是持有新的态度后取得的效果。例如，更加冷静、自信，减轻紧张的身体症状，像是心跳剧烈或呼吸急促等不舒适的状态。而在我们身边支持我们的人，在我看来，不必是一名心理学家或教练，来自我们身边的亲近的人会非常好，这个人要能诚恳对我们，也要真正地关心我们的安康和个人发展。此外，愿意帮助他人改变的人，也经常出于自利的出发点，因为我们所有人都有可能用我们错误的思维方式严重地扰乱我们的周边环境。你也一定经常这么说过，你的伴侣或者你身边的某个人应该学习从其他角度看待事物和问题。

总有人问我："穆蓝纳先生，你讲的这些很美好，但是我现在应该有什么样的想法呢？"我承认，我那时的回答有些傲慢："如果我知道，那我就不是开着宝马车，而是整个宝马公司都该归我了！"当我们想提升自己的挫折复原力时，表面看似简单，但大部分时候却很艰难。我们要找出，哪些新的态度会给我们带来在某一情况下更愿意得到的好的体会和感受。如果你找到了这种情况下的新态度，或者认为自己找到了它，你当然也必须要多加练习。在这一步，很多人过早地放弃了。他们发觉这并不如他们所期望的管用，然后说："这根本不行。"这个办法绝对是可行的，只是你必须要能坚持住。如果不这么做，那就好像是你决定参加马拉松，期待经过一周的训练就可以跑42公里一样，这是不可能的。

我们固有的看待事物的态度大都已经在我们大脑中打上了深深的烙印，它们以相应的脑神经结构的方式伴随形成。如果你现在想学会一种新的态度，就必须做好思想准备，这件事是需要一定时间的，你需要有耐心。随着时间流逝，你会慢慢体验到，这种转变的情况会越变越好，与此相应的，它也会更加有效地产生积极的效果。

当我们在生活中遇到危机时刻，我们的固有思维会明显地转变得更快。神经生物学研究显示，在这类情况下，我们的脑神经结构会在一定程度上松动、瓦解，从而让我们有可能学习新的态度及其行为方式。所以很多人也说，生活中的危机让他们变得更强、更成熟。他们利用了危机去学习新的东西，比如重病痊愈后会更加享受每个时刻、每一天都不会再将时间浪费在他们无论如何也改变不了的事情上了。也有很多人并没有利用好这些危机，一段时间后他们又再次回到熟悉的、陈旧的行为模式中去了。我认为，我们不应该等待危机降临给我们创造改变的机会，而是现在就开始学习上文提到的ABC模式。这条路虽然艰辛漫长，但是以后的人生明显会少些痛苦与不快。

04 审视自己情绪的变化

通过上一节的内容，我们已经看到，为了提升个人的挫折复原力，可以直接从外在面临的情况和自身的态度着手，因为这样，我们就能够更好地运用提升后的挫折复原力来获得成功。我们通过观察人们的工作情况就可以看出，每个人在职业上可能遇到不同的挑战。比如，某一个员工因为要在高管会议之前准备材料，这让他整夜失眠；另一个员工要应对结果尚不明朗的一些变动；而一个新晋管理人员要对员工进行批评教育；或者一个销售部门的员工正要处理某位客户的投拆。就在刚刚提到的最后一个领域，我们借助挫折复原力的训练获得了经过科学证实的显著效果，这样的改变和结果不仅让销售人员在心理上更加愉悦，在业绩上也会有所提升。

每个曾经在销售或相关领域工作过的人都知道，除了同理心以外，能够积极面对自己的失败也是一种重要的挫折复原力因素，更是销售的核心能力。因此，强大的挫折复原力在销售领域里或许是一流销售员区别于他人的一个决定性因素。曾任美国大都会人寿保险公司（National Union Life and Limb Insurance Company）首席执行官的约翰·克里顿（John Creedon）曾在一次和美国心理学家马丁·赛利格曼（Martin Seligman）教授谈话中说道："即使最好的销售员每天也必须忍受一系列的拒绝，而且常常要面对的是接二连三的拒绝。很多水平一般的销售员很容易因此丧失了勇气……只有那些被拒绝后仍不气馁的销售员才会取得成功。"

在这里，我还想引用曾获得巨大成功的德国奥托邮购集团创始人沃纳·奥托（Werner Otto）接受马力克（Malik）教授采访时的一段话，当他被问到是什么让他如此成功时，他这样回答："我必须学习从百分之十的成功中汲取足够多的内在力量，来抵御每天工作中那百分之九十的糟糕事。"

这段话中有三件事情值得我们注意：首先，它揭示了一种特殊的视角，在这个案例中即为我看到的是"成功"还是"糟糕事"；其次，奥托已经意识到存在"挫折复原力"这样的能力，并称其为"内在的力量"；最后，这句话还表明，即使像奥托这样成功的人也认为自己要"学习"。为什么对你来说不行呢?

如果你决心要继续发展自己的挫折复原力，除了处理不同的外部情况和相关态度之外，我们也可以直接从自己的情绪着手，开启我们的情绪雷达。这具体是什么意思呢?

情绪雷达

情绪伴随着我们一整天，但是我们通常很少意识到它们，或者只是有时略有感觉。当我们听到人们常挂在嘴边的那句客套话“最近怎么样”时，大家几乎总是机械地、有时也用善意的“谎言”来回答，这样的一个问候其实可以迫使我们短暂地关注一下内心，并探询自己的情绪状态到底怎么样。如果我们以一种诚实的方式来面对自己和情绪，有时我们会很惊讶地发现，我们的状态实际上有多好，有时过得又有多么糟糕。很多人在寒暄时会避免诚实地回答这个问题，或是为了不招致嫉妒，或是不想让自己的情绪状态给别人负担。于是，我们都形成了这样的一种习惯，不向他人坦露我们的真实情绪，而是描述外在的状况：“我现在压力很大”或“工作进展得很顺利”，而不会用“我感到自己不能胜任，我很难过”或“我的工作让我感到特别快乐”来回答别人。或者，面对别人的礼貌性的问候，我们只会很简单地说“不错”，即便这根本就不是事实真相。

我们通过学习心理学认识到了许多负面的情绪，而在我们的训练里我们也称它们为“不具备挫折复原力的情绪”，这当中最重要的要数恐惧、愤怒、绝望、愧疚、尴尬、羞耻、失望和悲伤。最值得强调的是，如果我们反复感受到这些被称为“不具备挫折复原力的情绪”，这并不意味着我们的挫折复原力就真的很差劲。这些情绪有着非常重要的功能，因为它们会在特定情境中给我们以警告。比如，当我们感到恐惧，这样的情绪是在提示我们有危险，或者内疚则是提示我们有错误的行为。

只有当这些情绪是源自一种特殊的、个体的（错误）态度，而且这些情绪总是一再地让我们偏离目标、伤害他人或者让自己负担过重时，它们才是真的“不体现挫折复原力素质的情绪”（nicht-resilient）。如果你因从最好朋友的钱包里偷了一百块钱而心感内疚，这并不意味着你的挫折复原力差，而正相反，这是非常健康的反应。但是，如果每次你身边的人遭遇不幸，你又正好无法帮忙，因为这样你就心生负罪感的话，你就很可能是反应过度了。当你的情绪反应与外界情况不相称，这会让你偏离既定的目标或者会导致长期不适的情绪状态，甚至降低你本应有的满足感和幸福感。如果真的出现这种情况，那我们就确实是陷入挫折而不能复原的情绪中了，这时就有必要采取一些有效的办法。

有意思的是，人们有很特别的不体现出挫折复原力特性的情绪模式，这种模式会反复出现，也总是与某个特定的“主题”相关联。因此，我们就应该首先找出这些对我们来说比较特别的情绪，通常只有一到两种，然后再启动我们的情绪雷达，审视自己的情绪。这意味着，我们不仅要重视那些能让我们改善或增强挫折复原力的情境，也要注重那些我们不愿较多体验的情绪。在举例详细说明这些之前，让我们先来看一下上文提到的情绪以及隐藏在其后的“主题”的含义：

· 恐惧　提示我们，现在或未来存在着危险。值得说明的是，人类可能是地球上唯一能够对一些极遥远或者永远不会临近的事物感到忧虑的生物。

· 悲伤　提示我们，失去了些什么（人或事物）。

· 愤怒　提示我们，自己的权利受到了侵害。

· 愧疚　提示我们，伤害了他人的权益。

· 尴尬　提示我们，刚才丢了面子。

· 羞耻　提示我们，错误地估计了自己的价值。这也是一种即使没有他人参与，我们也依旧能感受到的情绪。

· 失望　提示我们，自己或其他人没有达到我们的期待。

以上哪种情绪是你尤其熟悉，哪种情绪又是你极力想去避免体会到的呢？我可以肯定，上面提到的种种情绪里面，至少有一种是这样的。而我要特别提醒你的是，一定要注意我所描述的隐藏在情绪背后的"主题"，比如愤怒背后是"自己的权利遭到侵犯"。

这些主题其实很重要，因为人们感受到的某种情绪背后隐藏的原因常常并未出现。比如，有人经常感到恐惧，尽管不存在任何危险或者危险明显比所感受到的要小得多。人们有时觉得有负罪感，然而实际上他们并没有损害别人的利益。再或者，虽然有的人感到气愤，可是他们的权利根本没有真的被侵犯，或者从他们的角度来看的另一方，也感受到了同样的情绪。我们通常会忽略的是，情绪的感受并不一定有对应事实的出现。

现在，让我们来看一个例子：请你想象一下，员工A申请了他所在业务部的领导岗位，他知道还有另外两个同事也申请了这个职位。除了他们之外，还有一个其他部门的候选人在竞争名单之列。今天是公布结果的日子，员工A和他的同事都在单独谈话中被告知了结果：A的一位同事将担任主管这一职位。员工A在接下来三个月强烈地感受到一种情绪。这种情绪是什么？如果是你，你会感受到什么样的情绪？下面是一些可能的情况：这种情绪可能是恐惧，因为A担心再也不能升职，也不清楚他之前是否高估了自己；他感受到了威胁；他也可能感到伤心难过，因为作为员工，他美好的梦想刚刚破碎了；他失去了一些东西；这种情绪也可能是愤怒，因为他认为公司根本没有尊重他和他过去几年做出的业绩；他的权益受到了侵犯；也可能觉得尴尬，因为他知道，他现在再也不能和那个同事平等地相处了；他失去了地位；可能会失望，因为他原本坚定地认为自己会得到那个职位，但公司的决定让他的期待落空。

然后，这种情绪也有可能是平静的。因为员工A通过这次经历意识到，事实上自己还不能胜任这个职位，所以必须坚持不懈地在那些应该改善的方面努力。带着这种有自觉意识（能够认识自我）的态度，员工A在遇到他的同事时也不会觉得尴尬。当然每个人在遇到类似的挫折经历时，都可能有这样负面的情绪，这很自然。但如果这种情绪过于强烈又持续很久，甚至与真实遭遇的情况不相符且过于夸张，那么开启情绪雷达就很有必要了，人们该去看看是否要从另一个视角去审视遇到的境况与自己的情绪。尤其当你不断地感到强烈的愤怒、恐惧、负罪感时，你更应该这么做。事实上，只有极少数的人能够观察到这些负面情绪背后隐藏的原因，比如他们的权益受到了侵害，存在巨大的威胁或者他们长期、严重地伤害到了他人的权利。他们能够以某种方式自行感受到这些负面情绪，因此他们也应该开启自己的情绪雷达，在这种情绪出现时，明确地分析自身的情况和外在情境。

在我做心理辅导教练时，与我相对而坐的客户常向我描述一些让他们感到困扰的情境。问题经常涉及与同事、上司或下属的冲突，或者这位客户感觉受到了某种压迫。我会让他们详细地描述情景，也会认真地倾听。没有经验的培训师在听完客户的描述后常会犯一个错误，即立刻想进入到解决问题的模式，他们会和客户一同去思考，现在能够做什么来解决问题。比如，或许客户应该再和冲突的对象谈一谈？或许他应该离开这家公司，还是他也许反应过激了应该调整？

其实，如果能与客户共同深入这个情境，仔细观察客户有哪些情绪体验，这种处理办法明显更有趣也更有益。因为，这些情绪体验包含着这个客户极为重要的一些信息。通常情况下我会提出一个非常简单的问题：你在这种情景下主要感受到哪种情绪？在95%的这类案例中，客户都会给出相似的回答："哎呀，那个人一直都是那么自以为是，不尊重别人。"然而，这样的回答并没有谈到自己的感受，而只是重新陈述了一遍情景，尽管问题是完全另外的内容。这就是我在本节开头描述的那种效果，人们在寒暄时会问某个人他过得怎么样，而对方往往习惯于提及外在情况，不表露自身情绪。这时，心理咨询师要做的，就是对客户加以提示和引导，重新询问他。客户在受到引导后，常会这样说"嗯，好问题，我要想想看。"他的眼睛会跟随着思绪看向上方，然后他就会描述出一种主要的感受来。这种感受就能让我们知道，这个客户的这种情绪背后的重要原因。

这位客户会长期感到他的权益受到侵害或者他会更容易看到危险

临近吗？他会觉得丢了身份，或因为失去了什么而感到悲伤吗？这些问题非常重要，因为它们会带出隐藏的重要原因，也可能引发出其他问题。这个人反复感受到愤怒，是不是觉得他的权利受到了侵犯？这种强烈的感情真的和事实情况相符吗？为什么这种愤怒恰巧经常在他身上出现呢？他真的属于那些极少数的权利反复被侵犯的人吗？如果不是，那么这种感受又从何而来？抑或是这个人的权利过去总被践踏，才会慢慢形成这样的习惯反应进行自我保护？他还有可能以怎样的形式把控这样的情形？与这种“恐惧”的情感相似，不同的反应同样会带来一连串类似的问题。有可能这个人反复感到恐惧并看到未来有危险吗？究竟是情况真的危险，还是恐惧感被夸大了呢？这个人在过去经历类似情况时有过糟糕的经验，而且当时没有得到所需的支持吗？他更愿意在这种让他觉得恐惧的情况下有什么其他的体会和感受，又能怎么去获得这种感受呢？也许使用深呼吸法？也许尝试换个角度看问题？

纵然有多年的职业经验，我在咨询中还是一次次地感到惊讶，我的这些客户怎么会突然间恍然大悟并察觉到，有一种情绪几乎伴随着他们的人生。这就像你有一个多年不见的老朋友，他其实一直都在，这下突然见面了一样。一般来说，这些人能够非常迅速地回答出，他们为何遇事会有这样的心境。大多数情况下，他们已经感知到这是某些来自童年或少年时期的伤害，或者一些他们从父母或其他相关的人那里反复听到的信息，比如这样的话语：“总有人跟我说，你不该对任何事都满意，不该让自己活得称心如意”，或者“他们总是跟我说，小心，不要出洋相”。说这些话时，我常看到他们湿润的眼眶，这既是悲伤使然，也是如释重负的释然。这是一种终于更清晰地认识到自己，更有自信心的轻松。

我亲爱的读者，在这部分很重要的一点是，不要马上去寻找解决方案。能认识到对自己来说有一种特殊的感受，认识到感受的来源，并借助情绪雷达更有意识地感知到它，让自己不离开自己的目标，做到这些作为第一步就已经足够了。慢慢地，你会自己找到一种方式，去体会一种类似情景下却截然不同的感受，比如冷静。除此之外还有一点很重要，当这种感受出现时，要为自己叫停，试着去想想看刚刚有哪些想法掠过了脑海，这个感受和想法是基于什么样的事实情况。比如，当你有了负罪感，那就去想一想你是否真的损害了另一个人的权利；或者恐惧感，你是否真的有理由不可避免地如此恐惧。如果你确定，你的这种感受以及感受的激烈程度和现实情况并不相符，那就说明，你触冰了，这种东西我们称为漂浮在自己心海里的冰山（Eisberg）。

也许你已经将自己内心的冰山认识透彻，或者至少猜到它位于何处。如果没有，那么下一节的内容会帮助你发现它，从而在今后去融化或者绕开它。

05 融化心中的冰山

我们现在知道，我们的感受、情绪状态，还有幸福与不幸（因为它们也是情绪状态），往往是我们自己创造的。不仅如此，我们还能够制造出积极或消极地影响我们情绪状态的事物。如果你让自己很容易感到恐惧，那么请你下次下水游泳时，集中精力去想象这样一个画面，在你身后有一只巨大的并且饥饿无比的虎鲨在水中游着。

当然，你也可以在游泳池里这样想象一下：你正在经典的007（James Bond）电影剧情中，而这个游泳池里有个闸门，闸门后就是一只鲨鱼，某个想要征服或摧毁这个世界的疯狂教授操纵了闸门。但是你也不要太投入和认真，我可不愿为你今后不再去游泳而负责。

那如何制造积极情绪呢？现在你可以立刻闭上眼睛，回想一下你人生中取得的巨大成功，或者回忆某个你幸福无比的时刻。你会看到，或者更准确地说是感觉到，你的情绪状态在当下这一刻便已经改善了很多。

这是因为你的大脑并不知道，刚刚这些不是真实地发生，这只是回忆，是图像和随之而来的感觉被激活了。可以用柠檬来做一个更为简单的实验。我会让大家闭上眼睛想象他们手里拿着一个非常漂亮的、金黄色的、非常多汁的也因此很沉的柠檬，用一把刀将其切开，小心地压榨柠檬，看着最初的几滴汁水从上面流出来，然后用力地咬上一口，而此刻他们脸上的表情会变得夸张，口中分泌出大量的唾液。虽然这一切活动只发生在我们的脑中，然而我们的身体还是反应得很真实，就像我们真的咬了一口柠檬一样。

另外，我们知道，我们的感受和内心的态度也是密切相关的。这些态度，你也可以把态度和价值、信念、观点或视角画等号。通常这是我们从父母、其他我们视为榜样的人，或基于特殊的事件和经历而习得的。它们描述了我们如何看待自己，如何看待世界；世界在我们看来应该是什么样子的，以及我们如何看待我们的未来、过去和现在。就算两个人处于同样的困境中，也可能有不同的反应。其中一个人可能会因为某个自己敬仰的人，或是借由自身经历中锤炼出的乐观精神出发，认为情况会峰回路转；而悲观者更倾向于把未来看得毫无希望。这种思维方式与我们已经形成了的心理上的基本需求密切相关，而我们基本心理需求的平衡与否都会强烈地反映在我们的个人态度上。当我们再次更加认真地观察自己的基本心理需求以及相关的“错误态度”时，我们会意识到这一点的实质意义。如下的一些错误态度的例子就是最常见的心海里的冰山。

“想要做好，那就自己来。”

有这样一座冰山，一种态度，我们总能在对导向和控制有过高需求的人身上找到。此处我要强调的是，这种态度，以及所有后面提到的态度，并不一定会导致失败或消极的感受，这要根据一个人特定的生活情景来看。我们经常可以在工作环境中观察到，有这种态度的员工刚开始的时候会表现得很好，因为这样的价值观往往也会带着积极的事业心和自律性，领导会对他们非常满意。但是，如果一个有着如此态度的人想要做管理岗位工作并取得事业成功，他也许会在某个时刻遇到瓶颈。

这是为何？因为这种工作态度会让别人尤其是下属感到烦躁和紧张，而他自身在某个时候也可能感到过度操劳，很不愉快。我们将在这本书结尾处以苹果创始人史蒂夫·乔布斯（Steve Jobs）为例，更为仔细地分析。对于这种事事亲历亲为的人来说，他只能为自己找一份能尽情享受这种对定向控制有强烈需求的工作，或者改变一下自己的心态。然而，态度的改变谈何容易？因为这必须要落实在具体行为层面上实行，它要求领导在行为层面上必须交给下属更多的职责和任务，而交付下属更多职责很可能在最开始的时候就让他感到恐惧不安。感到恐惧是因为他的行为有所不同，而他一贯的态度告诉他，这和以往的情况不一致。或者恐惧是因为他很担心任务不会按他所希望的样子完成。如果他看到任务实际上不像所期望的那样被完成的话，这也许还会让他大发雷霆。

在这些情景中，他的基本心理需求之一，即“导向和控制需求”被破坏了。你看，在这个例子中，针对尝试改变我们自己态度这样的事，并不总会马上带来积极的效果，而它更多地是先带来痛苦。因此只有当这个人相信中长期的成功，有动机和动力坚持下来的时候，这样才会有效。这与一个人决定减肥没什么区别。减肥虽然不能带来什么乐趣，但是如果我们想象一下，自己瘦身五公斤后站在沙滩上，裤子不再紧绷，甚至因为身材匀称而得到别人的夸赞，这该有多美好啊！这些想法会激励我们继续下去。

我们在“导向和控制需求”方面，还能够观察到的典型冰山有：

- “只有弱者才不能自行解决问题。”
- “这我必须亲自做。”
- “我绝不可以表露我的感受。”
- “我无法应对糟糕的情况。”
- “掌控得越多，我的生活就会越好。”
- “我无法相信他人。”

“我有责任让所有人都满意！”

你或许已经发现，这种态度我们常会在建立人际关系纽带方面存在不平衡的人身上看到。同时我们也明白，这种态度第一眼看上去并没有什么问题。这种类型的人有崇高的价值取向，遵循高尚的目标。但是，如果其他人过分利用这一点，或者这个人因为这种态度过度苛求自己的话，这也会产生问题。他会以其他人的幸福为优先，长远来看，他们也会再次碰到自己的极限。如果他不按照这种准则——这种心海里的冰山处事的话，他很可能再次感到焦虑和恐惧。比如害怕自己不再被喜欢，这对这种人来说无疑将是巨大的生存威胁。但是，如果他按照原本的态度行事，他会觉得很愉快，因为他知道，他会因此获得他人的认可。也许，他的心里有一个小人在他的耳边低语："这样不行的！"但是，他一定不会理会这个小人的警示，直到自己无论如何都无法再继续下去为止。

真的走到了这一步，他就可以学习一种新的态度了。比如，为自己着想也是一件好事，况且人们也必须学着自己去解决他们的问题。然后，当他不得不将这种态度实践到具体的行为中时，他就会看到很多事情很可能突然变得简单了许多，或许那些一直都在他关照之下的人，觉得他现在的改变再好不过，再也不用为之烦恼了。还有一些其他与"建立人际关系纽带"需求有关的典型冰山：

* "所有人都应该看到我最好的一面。"
* "我一定要避免冲突。"
* "我必须一直支持我爱的人。"
* "我千万不能出洋相。"
* "我能做的最好的事，就是为他人奉献牺牲。"
* "如果不想失望，就不该让任何人与自己走得太亲近。"

在这里你可以看到，我们的态度、我们的冰山有时能够位于"需求量尺"的两个极端。上述态度中的最后一座冰山——"如果不想失望，就不该让任何人与自己走得太亲近。"也在相应地提示着建立人际关系纽带需求不平衡的状态。这种情况通常是基于过去在关系需求上受到过伤害，所以个体就会通过不让任何人亲近自己的方法，去试图保护自己。这便是我们在之前提到过的回避行为。本节开头所描述的人“需求量尺”的另一端——“我有责任让所有人都满意”，所遵循的目标是满足一些人建立人际关系纽带的需求。他们之所以会这样做，很可能是因为这些人曾因这样的行为方式有过很好的体验和经历。在这种前提下，往后他们也会做出与此接近的行为。这两种交际策略我们会选择哪一个，是因人而异的。值得注意的是，两种策略遵循的是不同的目标：对建立人际关系纽带的需求的极端保护或极端满足。

“我在这方面就是能力不足。”

人们对自我价值提升的追求没有获得满足，常常归因于以往所遭受的自我价值感的弱化或损害。几乎没有一种基本心理需求会像自我价值提升需求一般，能够导致如此明显的，同时又是如此矛盾的行为方式。有些人为了满足他已经削弱的自我价值感，会通过一些方式来提高自己的价值，比如总是试图成为焦点，被驱动着追逐事业的成功，用高档物品来武装自己，或者在最极端也是最严重的情况下，用强权来对他人加以控制。而另一些人，完全不相信自己，屈从于命运，长久地陷在自我怀疑当中。这类人更倾向于选择一种避开战略，其目标是保护他们的自我价值。举例来说，如果我不迎接任何挑战，如面试或考试，我也不会有被拒绝的危险。短期内我保护了我的自我价值，而且我本来就知道，一些东西是会失败的，但是从中长期的角度来看，这种做法并不是长久之计。

在生活中，我们常在一个人身上同时发现这两种趋势并存，而这类人也能非常强烈地从一个极端走向另一个极端。他们的感受和情绪持续地像乘坐过山车般处于剧烈波动的状态之中。当他们取得成功时，就会突然觉得自己是最伟大的，是非常特别的人；而当他们遭遇失败，就会极度悲伤，觉得自己是失败者，因为他们现在为自己价值感的缺失找到了证据。我认为，这两种倾向都很显然是过分夸张的，都是不平衡的心理状态。要想在这样的挑战下突出重围，就像我们所有因为心理需求未获得满足而导致内心的不平衡状态一样，首先需要做的是自我认知和自我反馈（这常常是痛苦的）。在这个基础上，我们才能学习到，我们本身是具有不可估量的价值的，无论我们曾经历了什么，也无惧别人对我们说些什么。不过，这并不意味着从某天开始，我们就忽然视自己为另一种非常出色、不可多得的人；而是自身的缺点和优点这些我们都认识到，并将它们作为自己的一部分来认可。此刻，我们不是某个更优秀或稍差的人，只是处于“自我认知”的状态。我们还可以去学习，比如不再通过其他人、我们的朋友或伴侣来对照出自己的了不起，或者与之相反，把他们的成就视作自我价值感的威胁，又或者对他们滥用权力来满足自己的支配欲，而是和他们建立真诚的、重视我们自身价值，并能互相支持的关系。然后，我们就会把注意力的焦点从自己身上移开，关注其他人，并能获得一些这世界上任何一个虚拟网络都不能教给我们的经验。如果你在自己身上发现下面这样的冰山，那么不妨按照我刚说的方法做些尝试：

* “只有成功才算数。”
* “拒绝是个人弱点的表现。”
* “我就是不够好。我做不到。”
* “我要不断地有所成就。”
* “所有人都必须尊重我。”
* “所有人都必须支持我。”
* “其他人能比我做得强得多。”

“人生就该充满乐趣。”

“人生就该充满乐趣”这样的态度显然是趋乐避苦，它本身是没有什么值得诟病的。可惜它不是一种符合现实生活的态度，也常让很多人过得不幸福，甚至患病。这也许是因为我们经常地学到和听到，人生不总是一帆风顺，我们要一直努力才行。有些人稍有懒散，便相应地感到焦虑不安，这也是一种极端的态度。又或者因为我们曾经学到，乐趣是最值得追求的目标——这又是另一种极端。没错，后面提到的这种人生活中有各种乐趣，身边聚集了很多人，并受到他们的重视。但这种情况只会持续到他们身边的人继续发展自身，或者突然对人生有了其他打算为止。这些以追逐娱乐为需求的人会寻找新的正好和他们想法一样的人，而这些人某些时候也会再进一步发展自我。学会平静地看待周遭的变化。虽然这一切听起来理所当然，甚至显得平淡，但是这种态度对一个人的挫折复原力和成功具有决定性的意义。

为何如此？是因为对生活中肯的认知——生活中不只有美好时刻，也会偶遇沉重时刻，会帮助我们去渡过难关。这是一种具有强大挫折复原力的人的不自觉地表现出的行为习惯，而在文学中经常被描述为接受这一概念，即我们接受挫折作为我们人生的组成部分。基于这种认知，我们才能发展出一种“多有意思，是什么样的挑战在那儿等着我，看我是如何战胜它的”的处事态度。纳粹大屠杀的幸存者维克多·弗兰克尔曾指出，“重要的不是我们对生活的期望，而是生活对我们的期望”。这其中后者更为重要，我们要学会应对生活带来的种种境遇。

这里请你看一下，下面这些想法是否有时也在你的脑海中闪过，你的内心世界是否在这一领域也存在冰山：

* “只有辛苦工作才有用。”
* “难以想象！我竟然可以这样卖力地工作。”
* “还有事待办。”
* “享乐等以后再说吧。”
* “生活应该充满乐趣。”
* “无法忍受无聊，不能这样继续下去。”
* “先有回报，我才能继续做下去。”

“必须完美！”

我们在这本书的前面已经提到过，我们对一致性的心理需求有两个层面的重要意义。一方面是因为我们内心基本需求如果处于不平衡状态，那么极端的外在因素或我们的“错误态度”都会将其激发，进而导致与外界环境的不一致性和前后的不连贯性，即非一致性（Nicht kohärenz），因此获得负面的感受，比如恐惧（“我不能出洋相”）、愤怒（“他不尊重我”）、绝望（“这真的太没劲了”）、悲伤（“我觉得被排挤了”），以及很多其他的负面情绪。另一方面，我们的心理需求也会直接地受到外界的强力冲击。比如我有一个上司或同事，如果他长期在其他人面前以某种微妙的方式攻击我或让我丢脸，在这种情况下，我对自我价值提升的需求就会受到损害。

按照格拉维教授（有关五项人类基本心理需求）的理论，这种基本心理需求与其他四种区分开是基于这样一种事实，即人们不会对一致性有过多的需求。这是因为人们极力地追求避免非一致性，并会努力重新获得前后具有一致、连续性的状态。与挫折复原力差的人相比较，具有强大挫折复原力的人是很好的问题解决者，尤其擅长做正确的事情，以恢复外在环境的前后因果连贯。比如，他们不会为了暂时性麻痹自己而连续几周借酒消解情伤，而是去思考自身在分手中的责任与原因，开始和被忽视的朋友再次建立联系，去做运动，从而重拾对周遭和对自己的控制感，找回一种积极的自我价值感。他们是以一种平衡的方式满足自己的心理基本需求，不仅关注自我价值的提升，还会同等程度地维护对“建立人际关系纽带”的需求。

但是，此处我想反驳格拉维教授的一点是，我认为，事实上我们对“一致性”的心理需求中也存在不平衡。这一点表现在很多人对完美有过高的需求，它会以病态的形式反映在规则强迫上。这种对完美的追求不能归类到任何一种其他的心理需求中，即“建立人际关系纽带”的需求、“导向和控制”需求、“自我价值提升”需求以及“趋乐避苦”的需求。它是一种非常独特和极端的行为模式，在我看来，它表现出来的是这些人持续地、过度地追求一致性的感受。如果事与愿违，那么这些完美主义者就会有激烈的反应，与外界产生对抗。当然，一般人也会这么做，但是不会像完美主义者那样以一种如此极端的方式。这里我也想请你审视一下自己，看看你是否也从自己身上找到了下面的冰山：

* “我必须从一开始就表现完美。”
* “即使只有一个错误，那也是灾难。”
* “不完美是无法容忍的。”
* “投入多少精力都无所谓，只要继续做下去直到完美，一切就是值得的。”
* “完美是我们应该追求的最高的价值。”
* “不确定的情况让人无法忍受，不能这样下去。”

也许你在自己身上再次找到了这种或那种态度，而且已经有了一种想要改变而努力达到的态度。如果是的话，那么下面的内容会帮助你融化或绕开自己的冰山。

06 避开思维陷阱

我在上文中所描述的那些冰山都有这样的特点，那就是每当我们撞上它们，就会导致强烈的情绪反应，比如恐惧或愤怒。如果我们看到一个人的情绪反应并不符合事实情况的严重程度，或者这样讲更容易理解："这人遇事反应过激了"，那么可以断定，他是撞上了某种情绪冰山。唯一例外的情况是，如果一个人压力过大，加班过多，他的挫折复原力指数就会降低，而此时如果被要求继续付出，这并不是撞上了情绪冰山。比方说你已因加班过度而感到疲劳，而你深爱的那个他/她要求你多关心一下孩子，这时你也许会控制不住地对爱侣大喊："你既不尊重我，也不尊重我的工作，还不尊重我为我们和家庭所做的一切！"这说明：要么是你完全工作过劳了，要么是你与一座冰山相撞了，这座冰山名为"所有人都必须尊重我和我的工作"，也就是源于"自我价值提升"需求的冰山。

也许现在要你去确认自己的心海里有哪些冰山，对你来说太费劲。也许我们可以从另一个角度来完成这件事，你可以利用这些冰山的特点，那就是：冰山上布满了思维陷阱，而且人们会反复地落入某些特定的思维陷阱中。这和以前描述的“思维方式”没什么不同。具体来说它意味着，这些思维陷阱是个体性格的构成部分，有时它们显得很愚蠢，或者说得好听一点，它们有时让我们有错误的、不切实际的想法。我们在前文中也学习过，这些思维方式以神经元形态的模式牢牢固定在我们的大脑中，但是可以通过持续的训练来淡化它们。首先，我们要学习去认出它们，这很重要。其次，我们也要看一看最常见的一些思维陷阱，思考下你自己是否会不时地陷入其中的某一个。

最常见的7种思维陷阱

下面的这些思维陷阱我们都认识，它们对我们的挫折复原力有着重要的影响作用：

1. 灾难化
2. 最小化对最大化
3. 随意猜测别人的想法
4. 情绪化推断
5. 个人化对外部化
6. 普遍化对特殊化
7. 持续性对暂时性

最后三种思维陷阱定义了我们的“归究原因的思维方式”，在挫折复原力的概念中也扮演着重要的角色，我们会在本章的后半段就此再仔细探讨。

假如你的上司对你说，在最近的一次报告中，你的表现没有像以往一样获得一向器重你的董事会的赞赏。你脑中闪过的想法是像“这关系到我的事业”，“我再也找不到另一份工作了”或是“现在我永远是丢脸的了”。如果你很好地认识到你自己有这种想法，那么你就属于“倾向于把事情灾难化的人”，这里不必再多加解释。

习惯于把事情的效应“最小化和最大化的人”同样是令人惊讶的类型，因为他们倾向于最小化成功，比如把通过考试看作是完全平常和自然的事；另一方面把失败最大化，比如考试得了3分而不是预期的1分（德国考试成绩1分为最好，6分为不及格），他们把这等同地看作是学业生涯没有未来的表现。

喜欢随意猜测别人想法的人也是这里我们要批评的，他们自以为的“心灵感应”实际上并不可靠，表现在如下两个方面：首先，他们特别热衷于去猜想别人刚刚如何想他，而这通常不是好事，都是负面的想法。比如，他们在做报告时，会特别关注台下是否有人用不友善的眼光看着他，通常他们也会相信，这些人刚才有一些关于他的坏的想法，因此他们脑中想到的是“他不喜欢我的演示”或“我演示得不好”，最终他们就会怒视对方。他们很少会想到，这些人可能是早上和妻子吵了架，心情不好还必须上班，所以不愿意坐在这里听这场报告，又或者他们只是那种专注倾听时就会看起来很严肃的人。喜欢猜测别人想法的人有时会实践他们并不可靠的“心电感应”，他们认为别人也会跟他们一样，因此，他们的不良习惯是相信或预期其他人正好知道他们的所想。比如，有人在做报告时忽然忘了台词，台下的听者当然不会知道他要说什么，然而喜欢猜测他人想法的人却认为，其他人肯定知道并察觉到他的感受和刚刚的想法。美国著名心理学家保罗·瓦茨拉维克（Paul Watzlawick）在他的全球畅销书《不幸福人生指南》中“一个锤子的故事”这一节里生动地描述了陷入这种思维陷阱的人，也给这类人贴上了一个有代表性的标签。这里我再次奉上整个故事，希望你能在会心一笑地同时也能有所思考：

“有一个人想在家里挂一幅画，他有钉子，但是没有锤子。他想到他的邻居可能会有，所以决定过去借，但是在去之前，他在心里犯起了嘀咕：如果邻居不想借我锤子怎么办？昨天他就只是漫不经心地跟我打了招呼。也许他很着急。但是也许着急只是借口，他对我有什么不满。那是什么呢？我从没伤害过他；是他自己多心吧。如果某个人想跟我借件工具，我会立马给他。为什么他不能呢？一个人怎么能就这么拒绝帮周围人这么个小忙呢？像这家伙这样的人会毒害别人一生。他竟然还以为，我非靠他不可，只是因为他有把锤子。我现在真的受够了。一会之后，他冲过去按响门铃，邻居开了门，还没等说‘你好’，这个男人就冲他大骂道：‘留着你的锤子吧，你这个烂人！’”

可以看出来，这个人急迫地需要处理他喜欢猜测他人想法的思维陷阱，而且还需要建立和强化他的挫折复原力要素：“冲动控制力”和

"情绪掌控力"。这里我们不再赘述。

情绪化推断在挫折复原力领域也有相当重要的作用，因为它掌握着尽善尽美的能力。人们能够在其情绪基础上自认为非常准确地从一种情况中得出结论。因此，人们在非常害怕时会坚定地相信，危险实际上是存在的。我们可以借助一个例子来阐明这一点。一个商人在法兰克福机场登机口处等待飞往马德里的那班飞机，他自己清楚而其他人不知道的是，他在飞行前有强烈的恐惧感。他甚至没有清晰的思路，心脏狂跳，手出汗并发抖，还伴有胃痉挛的情况，他真希望能立刻逃离机场。换句话说：他很紧张，并且恐慌症即将发作。然而，他所得出错误的推论是，这种强烈的恐惧感正是他身处巨大的危险之中的最真实的证明。如果他能想到飞机是世界上最安全的交通工具，那他其实不必如此恐惧。如果他乘坐的是汽车，他才更应该感到害怕。令人惊讶的是，他就属于那种喜欢开着保时捷在德国不限车速的高速公路上以240公里/小时的速度疾驰的人，我也确实遇到过这一类型的人。如果他再次在高速公路上因为违规超车被抓，将会被直接吊销驾照。到底哪种情况才更应该让人感到恐惧呢？

这种情绪化推断可以基于任何一种感受。比如，我可能在盛怒时断定我的权利刚刚受到了侵犯；感到挫败时认定自己没有足够的资源去处理当时的情况；在悲伤时得出自己刚刚失去了什么的结论；或者一内疚，就觉得自己刚才损害了他人的权利——即使这些推断都是错的。这种情绪化推断通常也作用于积极的感受。比如一个职员因为提交了一份很好的提案，得到了上司的褒奖。他欣喜若狂，蹦跳着穿过办公室，把这件事讲给所有同事听，脑中想着“现在我成功了”“现在再没有人能追上我了”。他从他巨大的喜悦之情中得出结论，刚刚他的人生出现了一个不得了的转变。而通常在几天或几周之后他才意识到，这件事并没像他所感受到的那样特别。

现在让我们回到上文描写到的最后三种你可能陷入的思维陷阱。这些思维陷阱也可以被称为“为什么模式”，它们彼此紧密关联。和上述的其他思维陷阱一样，这几个思维陷阱对我们是否有好的感受，尤其是我们是否能够有效解决人生中的挑战有决定性的影响。

之所以称之为“为什么模式”，是因为它对一个非常核心的问题做出了回答——为什么我们的人生中会遇到成功或失败？其原因可以从三个维度来说明：

1. 个人化对外部化：当我们获得成功或遭遇失败，我们会把这两种状况归因于自身因素（我）或外部因素（非我）。比如，作为销售人员，我们成功开发了一位新客户，可能是因为我们自己本身非常优秀（我），也可能是因为客户已经和公司合作很久了，对我们非常信任（非我）。

2. 普遍化对特殊化：某一种因素对于一件事情的成败的影响往往有不同的适用范围，包括普遍化因素（全部）或者特殊化因素（并非全部）。比方说，有人的某一门考试没有通过，在分析原因时他可能会得出这样的结论，考官根本都是不公正的（全部），或者刚好这个考官是不公正的（并非全部）。

3. 持续性对暂时性：最后，我们成功或失败的原因可能是持续性因素（总是）或暂时性因素（并非总是）。现在我们再回看上面那个销售员的例子，他这次没能向客户推销成功，那他就可能由此推断失败的原因为他根本就不是一个好的销售员（总是）或者他今天状态不佳（并非总是）。

让我们借这个销售员这个例子来看一下我们能观察到的四种最常见的“为什么模式”：

模式一：非我，并非全部，非总是。销售员可能会在销售不利时基于这种思维方式对自己说：“客户当时心情不好。”因为他并不认为这样的结果责任在自己身上（非我），遇到下个客户时情况会不一样（并非全部），而且等他再见到拒绝他的那位客户时，这个客户心情可能就会大不一样了（并非总是）。实际上这种模式在销售行业人员身上很常见，因为只有这种思维方式才能让销售人员承受住司空见惯的工作挫折。然而，这里也存在一个潜在危险，在这样的思考模式基础上一个人无法继续自我成长，因为他从来看不见自己的过失。相应地，带有这种思考模式的人会在成功时有完全相反的表现，即“我，全部，总是”的风格，表现出一副“我就是非常优秀”的态度。

模式二：我，全部，总是。具有这类思维方式的销售员在遭遇失败时会对自己说：“我就是不擅长与人打交道。”没拿到订单他会归因于自己（我），而不会和人相处的推断他认为不仅存在于和客户之间，而是会同理到所有人身上（全部），并将其看作是一个无法改变的个性特征（总是）。这些人常在失败时有这样一种思维方式，与“模式一”提到的那类人不同的是，当他们取得成功时会用完全相反的思考模式，即“非我，并非全部，非总是”。当他们非常成功地拿到客户订单时，他们会对自己说，“今天刚好是运气好罢了”。成功的原因不在自己，而是靠运气。他们还认为，运气不会总有，也不会处处遇到。属于这种思维方式组合的人比较容易患上抑郁症，我们也确实常能在抑郁症患者身上找到这样的思维方式。在他们看来，他们无法改变任何事，因此深深地陷入无助和忧郁中。

模式三：非我，全部，总是。我们在某个销售员身上看到了这种思维模式，他在没成功拿到订单后对自己说：“客户就是不知道什么对他们来说是好的。”他不把商谈的责任归因于自己（非我），而是认为失败的原因是客户普遍不识货（全部），以后的日子也一样。客户将来为什么会变化呢？是的，他们认为不会变化。而当他们销售成功时，他们又往往表现出相反的思维方式：“我，并非全部，非总是”，他会说：“这次我意外地说服了一个无知的客户。”你也许已经看出，这两种不同的“为什么模式”并不会让人抑郁消沉，却更容易导致对客户和世界极为普遍不公的愤怒和嘲讽。

模式四：我，并非总是，并非全部。这是一种在具有强大挫折复原力的人身上尤为常见的思维方式，因此也被称为挫折复原力方式。在销售行业的例子中这种模式表现为，比如，销售员在销售不顺利时会对自己说：“我这次没有准备充分。”他将过错归因于自身，但是他认为这样的状况并不是普遍情况，因为他通常都是做好准备的，所以这种情况将来也未必重演。这种态度让他有了面对未来的勇气，并帮助他从失败中学习经验。这是模式一中的推销员和上述人士唯一的不同之处，也是大家必须要继续去学习的地方。此外，如果获得成功，拥有强大挫折复原力的人则会展现出模式一中提到的态度，“我就是可以做得很好！”

讲述至此，我还要强调很重要的两点：第一，面对成功或失败时，我们要避免更倾向于某一种思维方式；第二，灵活地、符合实际地运用这些模式也非常重要。比如一个销售员很可能真的不擅长与人打交道，那么为了今后生活幸福，工作也能取得成功，他就应该另找一份工作。也有可能他总是不信任自己的能力，那么他也要就此认真思考并有所改变。如果你发现自己就像模式二中描述的人一样处事，你也应该有所改变。这是因为现实中，失败都是自己造成的，而成功全拜外界条件所赐的情况是少之又少。由此可见，这样的思维方式很可能存在问题。

在前面的几节中我们已经看到，一个人的思维方式和态度会影响到我们的感受。此外，我们也学习了如何在这种认知基础上提高自己的挫折复原力、提升幸福感，习得了个人成功的技巧。你很可能已经在不止一个地方，而是在很多方面重新认识了自己，就像绝大多数人一样。如果事实并非如此，那么你很可能已经具有较强的挫折复原力了。

又或者，你觉得开始改变自己以往的习惯，或是改变自己的注意力在遇到各种情况时的聚焦之处这个过程有些困难，比如开启自己的情绪雷达，“学唱自己的ABC”，或者融化心海里的冰山这些技巧。果真如此，而你确实又想变得更积极正向，更具有觉察力，那么我下面要叙述的最后这四种技巧正可以帮助到你。

07 发现事物的正面性

如果有一种技巧，学会后你就不会再在生活中感受到恐惧、悲伤、愤怒 、挫折、失望、愧疚和羞耻等负面情绪，但是与此同时，你也会因此无法再享受到喜悦、安宁、幸福、信任、友善、自豪和谦虚等正面情绪。这样的话，你是否还愿意学习这种技巧？

在过去的10年中，一共有大约2.5万人听过我的演讲，参加过我提供的心理训练课程。我对他们都提出了上面的这个问题，结果只有极少数人愿意掌握这种技巧。这是为什么？因为我们都知道，负面情绪也是生活中的一部分，负面情绪的存在不仅有助于我们感受并重视正面情绪，有时候还对人类的生存有着积极的意义：因为“恐惧”是在向我们提示危险的出现；“愤怒”提示我们，自己的权利受到了侵害；“挫折”则提示我们现有资源或条件的不足；“愧疚”提示我们，自己损害了他人的权益；“悲伤”表明自己失去了一些东西；“尴尬”则是因为感觉丢了面子。如果能全面、正确地思考这些遇到的问题，而不是陷入任何一种片面的思维陷阱，那么这些负面情绪其实可以通过一种巧妙的方式被转化，进而发挥其正面性。

如果我刚刚提到的那个方法你不想学，那么除了这个方法，我还可以给你另外一个建议，绝不会让你陷于无助与被动。我的建议是：让自己更多、更主动地去发现和感知生活中遇到的那些积极的、具有正面性的事物。你一定还记得，一个人的挫折复原力主要与自身的思考方式、感知事物的过程以及看待问题的视角有关。具有强大挫折复原力的人能看到自己已经拥有的，并发现、感知身边的正面事物，而且这是他们潜意识层面自动产生的习惯性思维，多数情况下自己并未觉察。此外，这种能力还极大地影响着一个人的心理健康、乐观精神，以及个人成就。

发现事物的正面性并不像许多人理解的那样，要用乐观的态度去看待一切事物，请看下面的例子。比如，一个人刚丢了工作，其伴侣便因此或者借口其他理由要与他分手。他有借酒消愁聊以自慰的习惯，他也必须承认自己面对酒精的态度是有问题的。如果这时，他还能站在镜子前反复20遍地告诉自己："我过得很好，一切都完美，再好不过了！"这样做就是在自我欺骗，他没有采用正确的思维方式，这样的做法完全是盲目乐观。觉察事物正面性并不是如上所说这样做，而是应该实事求是地直面自己，认清自己所处环境与所扮的角色，勇于承认内心真实的感受，并坚信通过自己的行动，情况会有所改善。我们还可以借鉴他人是如何从艰难的甚至比我们所面临的情况更棘手的处境中成功脱困的例子，并通过与他人比较，提升自己对当前困境的忍受能力。挫折复原力指数较高的人经常会带着这样的态度如是说：“有些人的情况比我还糟糕！”这句话是在启发我们应该以更加积极正向的态度去面对生活。德国前总理——也是1971年诺贝尔和平奖得主——维利·勃兰特（Willy Brandt）就属于这种性格的人。他的后半生得意于战后西德政坛，而童年和青年时期却备受战争、战败、贫穷以及纳粹的迫害。在经历过人生的坎坷与磨难后，勃兰特总理晚年曾说过一句激励人心的名言：“我的人生经验告诉我，只要不绝望，这世间就几乎不存在绝望的处境。”

具有强大挫折复原力的人不仅会在生活赋予我们的境遇中发现事物的正面性，还能乐观积极地从中获取正面的体验与感受。我想请你把这本书向前翻，回到前面我介绍“情绪雷达”的那个段落，再次阅读我所列出的那一长串负面的、体现出挫折复原力较差的情绪和种种与之相关的负面因素。然后，再来对照如下这个正面情绪清单，也就是一些表现为具有强大挫折复原力的各种情绪，请你尝试开启自己内心那座正面的“情绪雷达”：

——如果我们的生活一切如常，还能经历和体验一些美好的事物，我们就能感受到喜悦和幸福的情绪。

——如果取得卓越的成就，我们就会感到自豪。

——如果我们发现已拥有所需要的一切，就该觉得满足而感恩。

——如果遇到恰好符合我们预期的挑战或情况，我们就会充满兴趣和好奇。

——如果我们能帮助别人，又作为回馈得到了他的帮助，就能体会到人与人之间的爱。

——如果能得到别人的赞许，我们就能享有他人的敬重与社会的声望。

——如果能真实地了解自己以及全局，我们就能做到谦虚谨慎。

——如果我们坚信一切事物都会越来越好，而且人们能够掌控自己的人生，就会拥有生活的信心与内心的平静。

——如果得到的任务与我们的能力相符，我们就能保有工作的激情。

——“自以为是”并不会让人获得积极的自我价值感；而全面地接受自己的优缺点，接受自己现在的样子，才能让我们发现自身固有的正面价值。

生活中你是否经常会有这些正面积极的感受与体验？如果你能坦承地面对自己和生活，那你在生活中是否就会经常体验到如上所说的某种感受？我在提供心理训练与教练辅导时发现，这两个问题经常使学员陷入沉思。这正好触及了我在本书序言中提出的核心主题：人人都想拥有幸福成功的人生，即便有些人自认为在人生的起步阶段未能幸运地拥有让他迈向成功人生的全部所需，但其实每个人都已经拥有了所需要的一切。这些人生故事会给我们以启示，在每个人身上都潜藏着许多机会，这就足以扭转那些命运劣势！这些能力我们早已拥有，现在你只需去学习如何应用它们。

以保时捷公司乌韦·胡克（Uwe Hück）先生为例

保时捷公司的工会负责人、监事会成员胡克（Uwe Hück）先生两岁时，一场车祸让他失去了双亲，此后他在孤儿院长大。人们普遍觉得，这样一个特殊学生长大后不会有很好的机会，更难取得成功。然而，今天的胡克先生却为最成功的企业之一的保时捷公司掌舵。他最新出版的自传题为《全速前进——拿出态度直到达顶峰》（*Volle Drehzahl. mit Haltung an die Spitze*），其中“态度”这一字眼绝非偶然出现，他有意用此教育那些认为“自己的人生没有机会”的孩子，即便有时人生起步艰难不利，我们仍然可以从生活中获得巨大的成功。

当我向学员们提出上面那个有关发现正面情绪的问题时，你觉得他们都会怎样回应？以下是众多答案中的几个例子：“我从来没有时间欣赏自己取得的成就或为此感到自豪。我总认为那些都是理所应当的，然后就匆匆投入下一天的工作。”“在我身边确实有许多人支持我、尊敬我，只是我从来没想过这些。”“我的工作给我带来许多乐趣，也在帮助我实现自我。”“我的生活过得很好，我差不多已经得到了想要的全部。”

答案为何会这样？为什么许多人无法在生活中发现一些正面事物并感受到相关的正面情绪？这方面的原因有很多，这些原因无论初看还是反复推敲都很“值得尊敬的，光荣的”。我认为在这里使用的“值得尊敬的，光荣的”这个概念特别贴切，因为这个概念的德文字中正好包含了德语中的“美德”这一词——让人忽视正面性事物的原因正是因为这些人具备一些优秀的品质。它们是我们的社会和作为人类的我们一直以来所崇尚的。比方说有这样一种好的品质，我们从小就被教导不可以吹嘘说大话，即便有所成就也不能炫耀自己的成就，自吹自擂。至此，你应该明白，不常感受到事物正面性和这种谦虚的态度有些联系。

此外，还有另一个，也是相较而言意义更为深远的一个因素，导致人们忽视生活中的正面性——它源于一种恐惧，一种未来的风险。如果一个人对获得的成果感到骄傲，对自己的生活心满意足，认可自身的缺点并认为这是不可改变的一部分，接受自己只是群体中一颗小螺丝钉，不再把事情区分为绝对的好与坏，冷静地、中立地，不以价值或利害去判断身边的一切——这种态度非但不会降低生活中的风险，还会让人们变得对一切无所谓，进而无法继续发展提高自我，停滞不前。俗话说得好，不进则退，这样一个人也无法实现自我和人生价值的最大化。你一定看出了这种担忧与忽略事物正面性的关联。

在德国职业足球队中，没有哪支队伍能比拜仁慕尼黑足球俱乐部更能无视事物正面性了。拜仁慕尼黑队的高层领导并不担心别的，唯独害怕球员们的心态发生改变，怕他们不再渴望赢球与胜利。这支球队一直以来都是胜利记录的保持者，无人能敌。讲到这里，你可能会说，这本书不也是在讲“成功”吗？这个例子是否意味着，我也不能感到满足？其实我认为，事实真相就像生活中的很多智慧一样，摆在你的眼前。只有当我们能够去赞许自己所取得的成就，并去感受它们，我们才能从中汲取健康的能量，为自己找到下一次远航的彼岸，迎接新一轮的挑战。也只有这样，“目标明确性”这个挫折复原力的重要因素才能够被充分调用。

如果你是拜仁慕尼黑队足球俱乐部的成员，当球队高层在赛季结束后告知你和所有球员，不能到慕尼黑市政厅的阳台上接受聚集在玛丽安广场的球迷们的欢呼，原因是你们虽获得德国甲级联赛冠军，却未能在德国足协杯总决赛夺冠成功，你会有何感受？或者你刚为公司很好地完成一个项目，而你的上司非但没有夸奖你，反倒还挑剔出你的几处小错误，完全忽略了你所做的项目的优秀之处，你会有何感受？没被骂就已经算是赞扬了！如果你是个学生，非常用功努力地把你的数学成绩从5分提高到了3分（德国考试成绩为6分制度，1分为最好，5分为不及格，6分为最差），可是你的父母或老师却只跟你说，你还可以进步得更多，你会有何感受？他们说的似乎都有道理，但是这样的方式真的恰当吗？

假如你回答说“不”，尤其当你已为人父母，或你身为公司主管，那么我真的希望你能不被其他人所影响，试着表扬自己，总结一下自己在哪些正面性的事物上获得了什么，采取过哪些正面性的行为，我们又被哪些正面性的事物包围。这种方式显然再明显和清楚不过了，却仍有许多领导、父母、老师和各种角色的人做着我刚才提到负面的行为。这样的行为方式就是“正面性”的反例。

如果你决定要试着去接受并练习我建议的“发现事物的正面性”这个技巧，以强化自身的挫折复原力，本节最后的“核心问题”会继续在这方面帮助你。如果你还想学习和尝试更多的方法，你还可以从下面这几种方法入手并获得更进一步的支持。

方法一：书写“幸福日记”发现正能量

书写“幸福日记”的方法早已为人所共知。但我还是要再次提起它，因为我真的不想你错过这么好的办法。这种训练挫折复原力的方式不仅算是目前最有效且简单易行的方法之一，它同时还很有趣味性。正在阅读本书的你，有没有用一个小笔记本来记录每个章节的“核心问题”的答案呢？如果你真的这么做了，不妨今后继续使用这个笔记本，用它写出你的“幸福日记”。你要做的其实很简单：

每晚睡觉前，用几分钟时间来回想、总结今天的全部生活，然后在笔记本上记下一到三件带给你正面感受的事情，比如触发了你喜悦、平静或自豪之情的事件，记录当时的情况与感受。这种方法既可以训练你启动自己的“情绪雷达”，提升自己的挫折复原力能力之“情绪掌控力”，也可以训练你有意识地发现并解读情绪的能力。请你再去回想每一个情境，回忆当时的感受。我想，只要你做完这项练习后不是马上就和伴侣或隔壁邻居吵上一架的话，那你一定可以带着正面情绪给你今天的生活画上句号。当然，在每天的生活中也会出现一件或数件负面的事情，对它们，你置之不理就好了。这样的练习做完后，等到第二天早晨起床后，我要你再拿起这个本子，通读一遍前一晚写下的所有内容，这样新一天的工作与生活你便也是带着正面的情绪展开的。

我知道，这个练习听起来很简单，你可能并不相信它会有效。我只能告诉你，何不照做几天试试看呢？也许是因为这个方法简单易行，我的许多学员在心理训练结束后仍在生活中继续使用这种方法。在我们的后续追踪调查中，一些学员表示，即使已停止书写“幸福日记”，或者不是每天都记录，他们的心理健康状况已有了很大的改善，他们对于日常生活中那些正面性事物的敏锐度大大提高了。你要相信我，我的学员可不全是那些普普通通的上班族，其中不乏公司年营业额高达数亿美元的企业领导。当我再进一步在后续追踪调查中问他们，到底把什么写进了“幸福日记”？他们的答案令人震撼：鸣叫的鸟儿，朝人微笑的孩童，为他人扶住门以防撞到的热心人，他们帮助过的或者曾报以微笑的人。全是一些生活中偶遇的小事，无关加薪、中乐透大奖或添购一套崭新的西装。

方法二：“我很棒！”肯定自我实力

假如你跟我一起在为七人制橄榄球赛德国国家队提供心理训练与咨询服务，这支球队将要迎来一场艰难的比赛——与上届世界杯冠军威尔士男子跳球代表队对抗，所有人都知道德国队在这场比赛中获胜的可能性非常小。一些球员的脑海里不断浮现一些负面想法：“伙计，你都看到了，他们竟然表现得这样好，难怪他们会在上一届世界杯中夺冠。”“他们跑得比我们快，而且受到更多的训练。”“他们都是专业运动员，而我们是业余的。”

你认为德国队有多大的把握，能打一场漂亮的比赛，甚至获胜？机会当然很小，其实，接近于零。但如果让每位球员在比赛前都能再次认真地回想一下，自己身为橄榄球员最大的三个强项是什么，并闭目冥想：在过去的哪些比赛中自己曾很好地发挥了这些优势？你认为这样做以后，德国队获胜的可能性又如何？你觉得球员在想象比赛进行的时候，会有怎样的感受？他们的身体会分泌出哪种荷尔蒙？他们的腰杆会挺得有多直？你可能已经明白，他们会感受到许多球赛时所必需的能量和信心。纵使德国队这一次依然无法战胜这支前世界杯冠军队，却会在整个比赛中有绝佳的表现，带着良好的心态进入赛场，至少能提高获胜的概率。

这样的一个过程我们称为“聚焦自我优点”。就像前面提到过的那样，这样的练习并非让人盲目乐观，而是训练注意力，尤其是在高压状态下，让人专注于自身的能力和优势，而不是把注意力集中在自己的弱势和不及他人之处。因为那样只会浪费了本应放在对外挑战时所需的精力，我们常用“耗费能量”这个词来说明，也就是指精力被消耗，做了他用。

值得一提的是，在体育界或商界我们常能看到：国家队成员间常处于内耗状态，他们在相互消磨彼此的能量；在公司里则表现为一些员工围聚在走廊里交谈公司里的事。刚开始他们会说说这个，谈谈那个，一般都是聊一些稍不顺心的事。如果用一幅图像来描述他们的心情，就像是湛蓝的天空中零星飘着几朵白云。逐渐地，他们陆续想到了一些不对劲儿或需要改善的地方。我们可以形象地把这情境描述为：三十分钟后，蓝天消失，天空布满深灰色的大云团。参与聊天的员工甚至觉得他们在全世界最烂的公司工作。在这样的讨论中，你的体验如何？你一定也有过类似的经历。你是否会感到自身的正面能量被耗费或者已消失殆尽？

如果一个人经常处于压力状态下，那么实践“聚焦自我优点”这个方法以获取正能量来应对挑战，就是最优的选择。不过，人们首先要认清自己的优点和强项所在，并牢牢记住自己在以往的哪个时候曾发挥过这些优势。

方法三：“我最好的一面”发掘自我优点

想知道自己的优点，最有效的一个办法就是问问那些很了解你，关于“我的优点”这个问题能给予真诚的反馈，并真正关心我们个人发展的人。我们把这样的一个练习方法称为“我最好的一面”，它是从密歇根大学罗斯商学院“积极管理研究中心”（Center for Positive Organizational Scholarship）提出的“最佳自我反馈”（Reflected Best Self）这项心理训练基础上改编而来。

若你想学习掌握“我最好的一面”这一方法，可以按照以下步骤进行训练：

* 挑选至少5位与你亲近的人，问问他们是否能以书面方式回答一些与你有关的问题。他们可以是你的上司、同事、下属、伴侣、家人或好友。总之，人选由你来定。

* 如果你选出的那几个人愿意回答你的问题，就请他们针对如下的2个问题为你做出3份回答，具体可以这样操作：问题1，我曾借助于何种能力创造出卓越的价值，做出过突出的贡献？问题2，你曾在何

种情况下观察到我表现出这项能力？答题者必须对第一个问题列出你的三个优点，并说明这些强项是在哪三种情形下展现出的。针对这三种情况，作答者应该尽量具体详细地描述。

* 最终，你将从每个答题者那儿得到3份答案，即3种对应不同情境中的能力，如果你询问了5个人，那么你将获得15种答案，包括你的能力及经历的情境。当你把这些书面的回答摆放在一起，你会看到这些答案往往会彼此交叉重叠，你可以从中找出频繁出现次数最多的3个强项，它们就可能是你未来面对压力时应该重点聚焦的优点所在。

在绝大多数情况下，压力都是恐惧的另一种表现，它意味着人们从自己的视角去观察，认为存在潜在的危险。用“压力”而非“恐惧”这一个概念，可以说是本书之前提到的“塑造观念”，“重构思想”技巧最好的应用案例。因为这样一来，说“我觉得有压力”会比说“我感到很害怕”让人更自在一些。大多数足球运动员在踢点球时都会感受到这样的“压力”，因为对他们来说，无法把点球射入球门就是一种潜在的危险。同理，许多应聘者面试时也会有相同的压力，因为对他们来说也存在一种不确定性的威胁——能力可能无法满足面试官的要求。那些为自己职业发展计划设下很高目标的人也会感到这种恐惧和压力，在遭受一些挫折后发现自己可能无法符合高目标的要求。当上述这些人在以上种种境遇中想到可能出现的负面结果，或者想到自己的弱点，那么像点球射门、面试和职业晋升这些挑战，他们也许就无法战胜。如果能调整自己的想法，把思维关注的焦点转向自己的长处以及曾经获取的成就，他们就会因意识到自己的优点而重新自信满满地面对挑战。

在本节里我们已经看到，具有强大挫折复原力的人在面对压力时经常会将注意力放在自己的优点与成功的机会上，而不是紧盯着自己的弱点以及不利的外部环境。所以，你也应该现在就开始这个练习，尤其是在压力出现以前，或者在压力状况下让自己习惯这种模式。此外，你还可以参考下一节我将要介绍的另一种技巧，因其与现代社会不断追求效率与业绩的价值观大相径庭，所以它对很多人来说往往要在仔细思考后才极具有吸引力。这个策略就是：什么都不做，放空自己。

08 专注于当下

在上一节末我曾提前预告，“什么都不做，放空自己”也是提升挫折复原力的策略之一。你是不是觉得这个想法很大胆？因为我们早已学会，也已然习惯忙碌，习惯于最高效利用可支配时间，而且这种生活方式也被视为真正值得追求的价值。许多人成了“效率狂”，总在不停找寻能更加充分运用自己的时间的方法。比如，等电梯时，他们会对自己说：“电梯下来前我还有两分钟时间。赶紧用手机写一封电子邮件，或者回复一下短信和电话”如果你恰巧生活在大城市，我要建议你暂时把随身携带的智能手机放在一边，用10分钟时间去观察那些在地铁站内和街道上行走、排队等候、赶往火车站或者候机的人。10分钟后，你将会对自己目睹的一切感到很惊讶：自己和那些人何其相似啊，观察他们就像看到了镜子中的自己。

在这样的环境氛围中，人们很注重能同时承担多种任务的个人素质，这一特点近年来也越来越频繁地出现在求职、招聘广告中。这些履行多种任务的员工要在限定时间内同时完成不止一项，而是两三项甚至四项工作。真的“很棒”，不是吗？这种员工一人能抵两人、三人，甚至四人用，或者换个角度来说，他们用一个生命周期完成了别人几辈子的工作。

然而，通过目前心理学的研究我们得知，这种同时承担多种工作的能力并不真实存在。虽然我们确实能同时做几件事情，比如跑步时打电话，听音乐时回复短信，边听别人说话边想着将要开的会议，但是我们的注意力也会因此而被分散。虽然我们同时在做两件事，可我们对每件事能给予的注意力和重视，只达到平时所需的一半。一些人同时执行多项任务，看似节省出了时间，但是工作并没有符合应该达到的要求，这就要在以后再投入时间，进行事后完善。不仅压力感和不满意会随之产生，甚至员工会因为所有这些信息的刺激觉得老板的要求过高，自己承受的压力过大。许多人更会因接踵而来的冲击而感到自己对诸如此类的压力失去控制力，你还记得有关“导向和控制”的基本心理需求吧，他们此刻的这种心理需求就受到了侵害。这也是我们今天所说的现代职场逐渐升级的“复杂与动力”。然而，这些人忘记了的是，很多时候他们还是可以自主做出决定，从这种“复杂性”中抽身而去，不去选择那么忙碌紧张的工作和生活的。比如，当你看电视、远足，与他人聊天或者听演讲时，不要总是想着看随身携带的那个智能手机。那些可以在工作中同时做10件事的人，他们看似产出很多，总是不断尝试以超高的效率利用自己的时间，但不一定真的有效率地利用好了时间。他们可能因此而获颁奖牌、被授勋章，却也同时因工作重压而身心疲劳，处于耗竭状态。你一定会认同我的观点：像一些高级经理人一样，这些我们这个时代的“英雄”在逐渐身心耗竭的过程中也逐步走向抑郁。他们的内心除了疲惫不堪，并不会觉得英雄感爆棚。在崩溃之前他们到底感受如何？真的会因自己能力远胜他人而感到自豪吗？

专注于当下,也是英文Mindfullness（正念）[①]一词，这一提高挫折复原力的技巧还给我们带来另外两个启示：首先，如果我们想要消耗较多的精力，就必须先给自己充电；其次，我们不能把注意力长时间地分散在对过去的回忆和对未来的期待上，或者把精力在同一时刻分散在多件事情上，而应该专注于当下；最后，这项技巧还可以教会人们尽量不以价值或利害来判别身边发生的一切，无论是我们的想法、感受、接触到的人还是事件。这也是一个去学习专注的过程，让人们在这个过程中能聚焦于眼前发生的一切。通过我的这些叙述，你可能已经领会到，这种专注能力与“自律”这个概念有高度的一致性，也和前面讲到过的“冲动控制力”这个挫折复原力要素具有紧密的关联性。因此，在你看到的成功人士中，不会有多少人不具备这种能力。

---

① 英文“mindfullness”一词，中文多译为“正念”。在本书中的含义并非如字面的“正向、积极的想法”之意。它本是一个佛教术语，近年来作为一个心理学概念流行于西方，其意指“能让人专注于当下的力量”，以及“关注当下，不做任何评判”。

像亿万富豪尼古拉斯·伯格鲁恩（Nicolas Berggruen）就曾公开承认：自律、勇气和耐心是他最大的优点，再算上他的另外两种性格特征，他属于具有强大挫折复原力的那类人。已故的美国苹果公司前执行官史蒂夫·乔布斯之所以能开发出几近完美的产品，也有赖于他自身极强的自律性与专注力，这样才不会因一些时不时跳出来的新想法而分心。

现在就让我们来看一看应该如何实践这种专注于当下的技巧，请你首先注意自己的精力。

消耗精力要及时充电

请你设想一下，有一位极有天赋的专业足球运动员，或者其他运动项目的运动员也可以，立志要取得一番成就，所以就每天坚持到训练场上锻炼，每星期至少上场参加高水平比赛一次或两次，在高压下每星期还要接受媒体专访或出席百人以上的公开活动。如果我们再假设，这位足球员平时就常在闲暇时间饮酒，热衷于在酒吧里狂欢，对汉堡和甜食这类垃圾食物更是喜爱，每晚的睡眠却最多只有5个小时。假如不喝酒或不通过其他方式分散一下自己的注意力，他就会持续陷入对失败的恐惧，自己的头脑一刻不停无法休息。你觉得，我会怎样评价这位足球员对待自己所拥有资源的专注程度，他又是否明智？这个案例是我们对专注力的第一种理解。

现在，很多人都面临着高强度的工作压力，就和这名职业运动员一样。尤其是当一个人决心要往上爬，要干出一番事业时，就要明白如果不在工作上投入更多是肯定行不通的。从前如此，现在和未来仍是如此。想要毫不费力就能高人一等，我劝你还是早点儿舍弃这个想法吧。我一生中接触过许多顶尖的企业经理人，他们之中没有哪个人不是每天都工作10个小时以上，实际情况往往还超出很多。如果把他们和杰出的职业运动员作比较也十分贴切：一位职业足球员真要想功成名就，就不只是在地区联赛中踢球，而是希望能加入德国足球甲级联赛球队，那么就必须为之付出很多努力，积极投入到这份事业中。此外，他还要学会如何获取自己将要为事业付出的精力，何时何地将自己的“能量库”蓄满，怎样有意义又明智地运用自己已拥有的资源。提高自我专注力的技巧，就是针对有意识、有节制地运用资源的练习，同时也锻炼我们在非工作时间的自我修复能力。为了让自己身体更强健而每天跑步12个小时（这种情况当然不太可能存在）的职业足球员，你会给他什么建议？你可能认为他的做法太疯狂，会劝他给自己的身体和头脑充分的时间去彻底地放松休息，这样才能高质量地踢好每一场比赛。你要做的其实就和这位足球运动员一样，因为你每天的工作时间也是10~12个小时。我在这里所能给你的建议和你我都知道的日常常识一样：健康的饮食、适量的运动、充足的水分与睡眠，不要吸烟过量，并找到能为你补充精力与能量的业余活动去从事，要能让你真正跳出工作状态，而不是继续消耗你的精力。

此时此地你在做什么？

实践专注于当下技巧，或者英文Mindfullness（正念）的第二个可行方法，就是活在“此时此地”，不要让注意力被不断地牵扯于过去或未来的事物。这也是对时下风行于美国，在欧洲也为人熟知的这一概念及行为的解释。让我们来看看以下一些相关的例子：

一位员工每周例行单独向上司汇报他手头每个项目的进展情况。然而，他却发觉这位上司没有专心听取他的汇报，因为上司已重复两遍向他提出了一个相同的问题。

一位员工原本是去另一位同事的办公室取回忘下的笔，一边走过去他还一边在思考着接下来要完成的工作。等他来到同事的办公室后，突然发现忘记了自己前来的目的。

一位销售人员去拜访客户，他心里有数，这位客户有点难搞，因此有些紧张。让他意外的是，这位客户竟然还邀请他的一位同事一起加入了谈话。这位客户的同事在开始交谈时已先向这位销售做了自我介绍，但20秒过后，这位销售人员却尴尬地发现自己忘记了对方的姓名。

一位女领导在和下属召开每周例会时，还在思考接下来会后要批评某位女下属。当这位女领导自己的上司向她提问时，她完全不在状况，不知上司刚刚问了什么。

晚上6点，一位会计部门的女员工正准备下班。她在电脑关机前又查看了电子邮箱，却发现还有3封她以为早已发送出去的电子邮件其实刚开了头，但并未处理完。

以上都是一些人们没有专注于此时此刻正在发生的事，注意力不够集中的案例。也许你也发现你曾有过一次或几次类似的经历，甚至在很多类似的经历中又看到了自己的影子。果真如此，这种提升专注力的技巧就会给你很大的帮助！因为我们的行为方式和“情绪掌控力”“冲动控制力”与“同理心”这些挫折复原力要素之间存在着紧密的关联。

在前面的叙述中我已经提到，具有强大挫折复原力的人总是不断地为自己确立具有挑战性的新目标。“目标明确性”这项挫折复原力要素就体现了他们的这种性格特质。这些人会着眼未来并预设想要达成的目标，不会依赖或追随他人的观点。也许你会提出质疑，“计划未来”和我这里讨论的“着眼于当下”并不相关啊？这样的反对声音看似正确，其实不然。让我们一起来看看拥有强大挫折复原力的人如下这些特点，你就会更加清楚。这些人完成当天应该完成的工作，而且如期达到预设的目标，这是“冲动控制”的体现。换言之，他们高度自律，不会偏离原计划，能够控制好自己的冲动，所以可以用高效的方式把事情做成。仅仅这一点就足以说明事实：具有强大挫折复原力的人会有更积极、更好的心理体验，也能取得更多的成就。因为当一个人结束一天的工作，看到自己的工作又向前推进，有所成就，这样的感受该有多好啊！你不妨回想一下我在前面提到过的那个下定决心打扫地下室的例子，那会是怎样一种美好的心情啊！

与他人互动时的专注力更能说明这项技巧与心理感受、事业成就之间的关联。上述例子中我曾提到一位员工，他的主管从不认真听下属汇报，他会有何感受？他跟别人会如何谈论这位主管？这位主管对他说的话似乎并不感兴趣，那么他会尽心尽力地工作吗？又比如，上司问那位溜号的女领导话，她却一问三不知，上司会对她怎么看？当我们正在处理一件重要的工作，却被一封刚刚收到的电子邮件打断而分散了注意力，无法把手头的工作做完，这要无谓地浪费多少时间？当一天的工作即将结束，而我们却一再把当天本应完成的工作拖延到第二天，我们的感觉会如何？假如你的客户发现你没有专心听他说话，也没有把他当作一回事，他又将有何感受？他会在你这里下订单吗，还是去找另一位认真听他说话的人？

德国运动员会把这种专注于“此时此地”的状态称为“在隧道里”。无论这些运动员从事的是何种运动项目，当他们处于这种状态时，不会去过多地考虑自己下一步该做什么，比如这件事或那件事的成功或失败会引发什么样的状况，而是头脑和注意力全部都只在“当下”的状态中，从而自然而然地凭直觉做出正确的动作。如果你去审视一下自己的职场经历，或许也会想起自己曾处于上述类似的情境中。那么该如何有意识地训练自己这种专注于当下的能力呢？

冥想？你可真是个软柿子！

如果你下定决心要通过专注力的技巧来提高自己的挫折复原力，我这有两种非常有效的方法可以帮助你实现目标。

方法一：放手去做！作为第一步，请你注意观察自己是如何反复地被其他的事务或想法分散注意力的，请你强迫自己全力专注于当前的工作，尽量消除头脑中的其他杂念，刚开始只需要坚持10分钟，之后再逐渐延长练习时间。在这期间请你一定要有些耐心，不要轻易放弃。如果此前你已经很长时间无法很好地集中注意力的话，那么这种训练就更不会一朝达到预期的效果。通过不断地体验你会发现，当你能快速完成任务时，自己会越发感到满意；真正专注地倾听对方的谈话，你也会收获前所未有的沟通效果。每次遇到你常光顾的面包店老板或者邻居时，试着真心地去祝福他们度过美好的一天或周末愉快，这也是训练的一种形式。每天都认真、专注地做上几遍。更进一步说，通过这样的训练，你的“同理心”和与之相关的社交能力也会得到提升，这正是真正成功的职业生涯所必需的基本素质。你还可以举一反三，随意将这种专注力的练习方法拓展到生活中。比如在冲澡时，让自己专注于冲澡时的身心感受，而不思考其他的一切；或专心地慢跑、做饭、乘地铁，开车……总之，你大可充分发挥自己的想象力来尝试这种专注练习。只要规律地进行这项训练，你很快就会发现自己的专注力有显著提升。

方法二：学会冥想。专注于当下，也是英文Mindfullness（正念），这一概念最初源于冥想。你现在应该明白，为什么我在本节的开头把“什么都不做，放空自己”也称作强化挫折复原力的一种技巧。坦诚地说，“什么都不做”这个概念从严格意义上看并不是最准确的表述，因为在冥想时你要做的其实相当多。在别人眼中，我这位心理咨询师给人的印象一点儿都不神秘，我是如何得知这一点的呢？因为每次我在心理训练课程中建议学员进行冥想练习时，我看到了他们难以置信的讶异表情。在这里，我想一些科学研究会更好地解释冥想，所以我也想为你做个介绍。

如果我们问那些经常冥想的人，从冥想中有何收获，他们的回答不仅令人惊讶，也会鼓舞你投入这种练习。这些人表示，自从开始练习冥想，他们能更好集中注意力，在面对压力时会比之前更加冷静、放松，自己也变得更有自信。此外，他们还说冥想让他们能敏锐地感受和关注自己，但并非以自我为中心或自以为是，而是对他人更具同理心，更加真诚和坦率了。他们能重新客观地、不带着先入为主的观念去评估一些状况，也能让自己直面这些情况以及与之相关的想法和态度，由此更好地控制自己的情绪。在德国，有冥想习惯的人不会到处去宣扬冥想的好处，但是我们看到其他国家的许多成功人士会高调地推崇和评论冥想及其效应，例如美国前总统克林顿（Bill Clinton）和他的搭档美国前副总统、诺贝尔和平奖得主阿尔·戈尔（Al Gore），国际顶尖橄榄球员强尼·威京森（Jonny Wilkinson）、好莱坞影星克林特·伊斯特伍德（Clint Eastwood）和理查德·吉尔（Richard Gere）等人。上述这些内容或许还不足以说服你练习冥想，接下来我们一起看一看科学研究的结果。

通过前文的讲解你已经知道，人类具有终其一生学习新事物的能力，比如一些新的观点和思维方式。这种新的思维方式在我们的大脑中表现为神经回路，越是经常使用这些新的神经元结构，它们在大脑中就扎根得越稳固。因此，要建立新的神经回路以形成新的思维习惯不可能一蹴而就，需要长时间的练习。就像一个人每天上班都走同一路线，发生特殊情况时他还是使用惯有的神经回路，想要走同一条路。冥想对人类脑神经结构会产生哪些影响？借鉴一些与此有关的研究，我们会发现一些令人惊讶的情况：有规律的冥想练习会从生理层面上影响我们的大脑。还有一些研究表明，冥想可以让脑部的皮质和白质区域变大，这些区域很有可能与我们这里所讨论的挫折复原力要素密切相关。尤其是大脑前额叶皮质区，美国精神医学教授丹尼尔·西格尔（Daniel Siegel）曾在他发表的著作《正念的脑》（*Das achtsame Gehirn*）中这样描述前额叶皮质区的功能：

* 调控身体或者说协调身体的各项功能，让我们身体的各项生理反应相互平衡，就像驾驶汽车时油门和刹车的功能。根据西格尔教授的观点，我们的态度在很大程度上通过这个区域影响着我们是否采取动作。

* 沟通协调帮助我们获取交流双方的非语言信号并做出正确解读。这种能力一般都是通过与你关系最密切的人——大多是与父母之间的互动而习得。

* 平衡情绪使我们产生情绪，比如愉快或愤怒。

* 反应灵活性避免我们直接回应某种情境，而是有目标性地调整行为方式。

* 洞察力让我们从既往经验中找到正确结论，并更好地了解和认识自己。

* 同理心也就是设身处地地去思考和理解对方心里的想法和感受。

* 克服恐惧帮助人们处理创伤和挫折的经历，从而不局限于负面的体验，并从中学习。

* 直觉让我们相信自己的直观感觉，也就是凭借本能的感觉处理接收到的全部信息。

* 道德感指导人们的行为，让人们能在群体中与他人共同生活与相处。

大脑前额叶皮质区受伤的人会因为其受伤的严重程度与受伤部位情况而丧失上述的某些功能。西格尔在书中这样举例：有人说感觉自己似乎因此失去了灵魂。

倘若再次回顾本书前面提到的7个挫折复原力要素，你就会发现如上描述的大脑前额叶皮质区域的各项功能似乎能够受到冥想练习很强的影响，也与这些挫折复原力要素高度一致。比如，“同理心”这个挫折复原力要素也表现为“沟通协调”这项大脑前额叶皮质的功能。“情绪掌控力”和“控制冲动力”这两个挫折复原力要素体现在“调控身体”“克服恐惧”“平衡情绪”与“反应灵活性”这些功能中。“分析原因力”对应“洞察力”，“现实乐观主义”则属于“直觉”这部分功能。“自我效能信念”可以在“克服恐惧”以及“反应灵活性”的功能中找到关联。只有“目标明确性”这项要素无法在西格尔教授列举的前额叶皮质的9大功能里找到相应的功能。

在此，我要强调一下，这样的阐述尚未经过严谨的科学验证。因此，一些挫折复原力的组成要素与前额叶皮质的诸多功能之间是否真的具有相关性还无法确认，仍需要进一步进行科学实验研究。但是不可否认的是，人们从以上我描述的这些功能和挫折复原力要素之间很容易就能看出具有一些关联性。目前，已有严格的科研成果表明：首先，规律的冥想会从生理层面上影响大脑的前额叶皮质区；其次，根据冥想者的体验报告，定期的冥想会锻炼并强化那些体现为高挫折复原力的能力。我此前提到的德国心理学教授格拉维（Grawe）也曾于2004年在《神经心理治疗》一书中谈到与此相关的内容：“专注于当下这个概念最近在认知行为治疗领域已逐渐引起重视，我们也可以把它视为改善个人的抗压力与情绪管理方面的又一个进步。”

想要提升自己的挫折复原力，并非一定要用我提到的“审视自己情绪的变化”“检查自己的影响力”或者“学唱自己的ABC”“融化心中的冰山”等技巧，你也可以“什么都不做”——只练习冥想。这个技巧实际操作起来要比听上去困难，就不需我再赘述了。

冥想？OK！就做“软柿子”又何妨？

如果你已决心一试，那就请听我的建议！或许你根本没兴致去佛学中心，对此的想象也过于夸张，与实际并不相符——你根本不必穿上黄褐色的长袍，也没人要为你剃头。想要尝试这个练习，你所需面对的挑战可以用四个字母来概括，即MBSR，“Mindfulness Based Stress Reduction”正念减压法的缩写。著名的冥想导师乔·卡巴金（Jon Kabat-Zinn）博士在他的《多舛的生命：正念疗愈帮你抚平压力、疼痛和创伤》（*Gesund durch Meditation*）一书中对此做了详细的讲解，书中还列举了许多冥想练习案例。这些都是作为非专业冥想教练的我所不能给出的建议，当然也超出了本书中我想谈的重点，所以在此不再深入讨论。

除了对饱受疾病与疼痛折磨以及濒死患者的治疗和帮助之外，卡巴金最大的贡献在于为那些不愿去寺庙或佛学中心的人提供了可行的学习冥想的方法，这帮助很多初次接触冥想的人克服了最初的羞怯。现在在德国也有许多冥想教练提供价格合理的课程，人们可以学习到简单易行的冥想练习的步骤与方法，比如如何集中注意力于呼吸和行走，将意念从自己身体的头到脚移动。所有这些技巧都服务于一个宗旨，即提升专注力，降低不专注于当下情况出现的概率，并由此增强挫折复原力。

09 建立与他人的连接

在本书的开头，我曾谈到美国心理学家艾美·维尔纳（Emmy Werner）对夏威夷群岛北边考艾岛的600多名儿童进行了多年的追踪式研究。在她发表研究成果后，世界各国的心理学家也相继就这一课题开展了进一步研究，以检验维尔纳所得出结论的正确性与可复制性。这些后续研究结果表明，维尔纳的这一结论具有跨越种族与文化的普遍性。维尔纳的研究揭示了影响一个人成功与否，或幸福与否的因素包括“内在的”、本书论述的“挫折复原力因素”，也有来自“外界的、非自身因素”。在这些外因列表中最具积极影响作用的一个因素，要数家庭成员范围以外的某个重要“关系人”。这个“关系人”支持着那些来自贫困或不利成长家庭环境的孩子，让他们能够在成长中发展与他人沟通的社交能力，从而最终战胜成长的困境，成为幸福、成功的成年人。这些孩子也因此获得了一个与非家庭成员的其他人之间建立的“人际连接”，而这是其他孩子所不曾获得的有利条件。

著名音乐人雷·查尔斯

美国著名音乐人、灵魂音乐的开创者雷·查尔斯（Ray Charles）就是这样一个非常具有代表性的例子。瑞士教授约克·弗里克（Jürg Frick）博士在他的《鼓励的力量》（*Die Kraft der Ermutigung*）一书中描写了查尔斯的成长经历。雷·查尔斯出生于美国佐治亚州，这一区域在当时受种族歧视影响十分严重。查尔斯家庭贫困，自幼丧父，是他的母亲与他父亲的第一位妻子用她们满满的关爱将查尔斯抚养长大。邻居皮特先生在查尔斯的成长过程中扮演了类似于父亲的角色，并教会他弹钢琴。在查尔斯5岁时，他目睹自己的弟弟在一个大水槽里溺水，而他却因力气太小无法将弟弟救出。悲伤的事接踵而来。几个月后，查尔斯的视力逐渐恶化，到7岁时他已完全失明。然而，他的母亲似乎并没有因此而骄纵他，他一如既往地要在家里劈柴、擦地和洗衣服。母亲常教导他：“生活有它的两面性，一面是幸福与喜悦，而另一面则是痛苦和悲伤。”

几年后，母亲把查尔斯送到一所寄宿制盲人中学，他成了学校里公认的好学生。在学校时，他常在夜里听到其他盲人孩子向上帝祈祷，希望能重获光明。但查尔斯却觉得这无异于浪费时间——这里我想请你回忆一下“检视自己的影响力”这项提升挫折复原力的技巧，查尔斯的想法不就是它的体现吗？查尔斯心里想说：“傻瓜！你们为什么不能把握好已经拥有的资源，把它充分利用到最优呢？”

这样的人生观正是查尔斯从母亲那里学到的智慧，他也终生保持着这样一种人生态度。然而，他的母亲终究辞世，永远地离开了他，这对他无疑又是致命的打击，几乎让他迷失了方向。在他后来的人生轨迹中，有一个人至关重要，她就是我在前文中提到的给予查尔斯支持的重要“关系人”——贝卡妈妈（Ma Beck）。贝卡妈妈是一位果敢的女性，她的出现让查尔斯常能忆起自己母亲生前对他的一些叮嘱：“生而为人不可以乞讨，也不可以偷盗，要相信自己，否则就会走向沉沦和堕落。”这些语句很明显地指出了“自我效能信念”与“同理心”这两个挫折复原力要素。查尔斯最终成为灵魂音乐的开创者，并因此被记入史册，也跻身他那个时代最杰出的黑人音乐家行列。如果你也在和查尔斯相似的家庭背景下成长，你也会取得事业上的成功吗？在查尔斯看来，自己成长历程中起到关键性影响作用的是他与贝卡妈妈的所建立的重要关系。他曾这样说道：“我所获得的力量来自我的母亲和贝卡妈妈等这些人……”

我在这里所描述的这种与某人建立的重要关系，或者引申来讲与某个团体的连接是一种重要的因素。即使在一个人步入成年后，仍能继续发挥其积极的影响作用，让这个人面对挫折或承受压力时都更有韧性与抵抗力。让我们再来回顾一下前面我描述过的那个心理学实验：在一个笼子中装进猴子，而笼子外放一条狗让它围着笼子绕来绕去。如果有两只猴子一起在笼子里，它们表现出来的焦虑感会比单独一只猴子在笼中低很多。我们也可以想一想有关养育婴儿的案例：如果只给婴儿喂食，而不给予他们关注，这样就会给婴儿带来心理上的伤害，而这些孩子往往还未长大就夭折了。这些心理学研究结果也为“与他人建立紧密人际连接”这一基本心理需求的重要影响意义提供了有力的证据。同样地，在我前文描述的“学唱自己的ABC”这项提升挫折复原力的技巧中，我们也常需要一个能够坦诚交流想法并给予我们建议的人。然而，我们所生活的现代社会中，这样的一种与他人紧密的“人际连接”越发稀少而珍贵。

我在美国的心理咨询合作伙伴，针对挫折适应学习系统（Frustration Adaptive Learning Systems）这一主题进行了广泛的调查研究，超过5,000位受试者参与到这项调研之中，相关的研究成果目前尚未正式发表。这项调研旨在探究受试者与他人的连接，以及受试者与其工作、生活的紧密关系，以及在哪些条件下受试者会拥有最强的挫折复原力，也就是处理挫折与压力的能力。在此过程中，我们把这种与他人的连接分为“与工作的连接”和“与生活的连接”两部分。

与工作的连接

在这个调研项目的研究范围内，我们根据受试者挫折复原力指数的高低而将他们与工作的关系定义为三个层级。我们对每位受试者都提出了这样的问题：“你为何工作？”随后我们得到了如下三个层级的答案：第一个层级的人是为了获得工资收入而工作；第二个层级的人因工作赋予的责任、团队归属感而工作；第三个层级的人则是意识到自己工作的重要意义。比如，绿色和平组织的工作人员会为了“保护我们的地球”这个崇高的职责而工作。那么，你认为哪个层级的工作者拥有最强的挫折复原力？

没错！工作动机处于第三层级的人所拥有的挫折复原力最强，而第二层级至第一层级受试者表现出的挫折复原力程度依次递减。身为某个群体的一分子，群体会比个人有更强大的力量和意义，这个事实也是一个能在我们面对挫折和压力时给予保护与支持的因素。换言之，若是一个人内心笃定，明白自己一生真正的职责和任务所在，纵使命运无常，又怎会击败或压垮他呢？也许你现在想说："如果我在绿色和平组织工作，我当然也很容易就能找到工作的意义，但我现在的工作不是这样的，我工作只是为了赚钱。"

以我这几年从事心理咨询的经验来看，真的只为工资收入而工作的人其实少之又少。当我要求我的顾客认真去想一想，从他们所做工作中能找出何种特别的意义，他们往往也都能想到一些。比如，我有一个顾客在一家义肢公司做财务，会收到和读到一些客户的感谢信——曾有一位他们公司的客户因一场车祸失去了双腿，在戴上这家公司生产的义肢后，他再度行动自如，不仅结了婚，最近还迎来了自己第一个孩子的出世。再比如，航空公司的空姐会认为机舱的安全是她工作的职责所在，一旦发生紧急情况，她有义务营救尽可能多的乘客。类似的例子数不胜数，但这其实不是我要说的重点。我想讲的关键是你是否能在自己的工作中发现意义所在？如果你找到了这些意义，又对此深信不疑，那么你的挫折复原力必定会大大提升。

此处，我觉得有必要再次提到德国商人奥斯卡·辛德勒（Oskar Schindler）的一生，因为他超越自己的工作范围完成了更多有意义的事，他所做的远不止赚钱。在他人眼中，辛德勒无疑是个特立独行的人。他最初承接经营那间搪瓷工厂只是想赚钱，越多越好。这时的他还身处于我刚才讲的与工作连接的第一层级。逐渐地，工厂里工作的犹太人慢慢变成了辛德勒的员工，他们也成为一个集体，辛德勒在这里也越来越能够找到归属感。在电影中，辛德勒因收到生日蛋糕表达感谢，亲吻了厂里的一个女工，而这也差点要了他的命。通过这个情节，我们也能看出，这时他与工作的连接步入了第二层级。最终，辛德勒所做的一切远远超出了他该做的工作、赚钱或是寻找一个家庭归属感这些层级。营救犹太人，让他的工厂具有了非凡的意义与不可估量的价值。

这里我还要特别提示，一个人与工作的连接就好像拧螺丝钉一样，要拧紧，但也有可能因拧得太紧而脱扣，这就是过犹不及的道理。同理，在我们与工作的关系中，也可能因为过度投入而忘了自己和身边的一切，这也正是职场中人常出现身心耗竭状况的原因，尤其是在那些有重要意义的服务型职业中。而如果一个全身心投入，也深刻地感受到自己使命的职场人遭遇了工作或私人领域的双重挫败，比如升迁受阻，或伴侣因他整天工作而离他远去，这就极易导致这个人有关自身行为的无意义感和绝望的出现："我付出这么多却一无所获！"他的内心会突然强烈地感受到"不一致性"，这本书所定义的真正成功的境界他也显然无法企及了。怎样才能避免这样的风险呢？我给出的答案是：一方面工作的螺丝钉要拧到刚刚好，不要过紧；另一方面要找到另一种"连接"，即"与生活的连接"。

与生活的连接

上文中我曾提到，除了“与工作的连接”，挫折适应学习系统框架内的研究也延伸到了“与生活的连接”以及它与挫折复原力的关联性上。我们对受试者提出一个简单的问题：“是什么赋予了你生活的意义？”我们把他们的回答依据受试者挫折复原力程度的高低进行了分类，共分成四个层级：第一层级是对个人目标的追求，比如事业成功；第二层级是建立自己的家庭；第三层级在我们看来与第二层级差别甚微，是参与其他社群，比如投身公益组织或其他社团；第四层级则是围绕着目标、信仰和情感主题。通过研究我们还发现，受试者挫折复原力的强度按照个人与生活的连接从第四层级到第一层级的变化方向逐次递减。在最高层级（即第四层级）中，拥有一个远比眼前的苟且更美好的远方的存在，可以赋予一个人的生命更崇高的意义，这也会以一种独特的方式保护一个人经受住挫折的考验。

在这里，我还要再强调很重要的一点：如果一个人决心提高自己与生活连接的层次，并不意味着他必须被迫地从原来从属的那个较低的层次中脱离出来。我们也知道，在生活中，一些高级经理人非常努力地追求个人成就（第一层级），也会相应地特别关心一些目标和信仰（第四层级）。近年来，人们对精神世界的关注慢慢有了上升的趋势，这能说明一定的问题。只有当一个人首先完成了与生活连接的第一层级任务后，他才有能力建立家庭而进入第二层级，或许之后再投入公益组织活动升入第三层级，最终达到第四层级——追求一些价值、意义和信念。

有一种观点曾经红极一时，现在却已慢慢被人们所淡忘——“工作与生活要平衡”，这恰好描述的就是“与工作的连接”和“与生活的连接”之间的平衡。是的，我想说的就是：如果你现在与工作连接的非常紧密，请你一定注意让自己与生活也有更紧密的连接。因为生活领域的连接会供给你完成日常工作所需的绝大部分能量。

10 做仁爱之人

在本书的末尾章节我将会和你一起看看大家都熟识的一位成功人士——苹果公司创始人史蒂夫·乔布斯所具备的挫折复原力，但在这之前，我还要介绍最后一项能够提升挫折复原力的技巧。在我看来，这项技巧十分重要，也正是如此它才作为最后一个技巧被介绍，它就是：做仁爱之人。

说到这儿，我们当然应该认真思考一下，人的本质是什么？是什么让人类如此特别？人是善是恶？或者说人类只做坏事还是好事？在本书中我们曾讨论到，人类与绝大多数动物不同，人类能识别自我，比如借助一面镜子。而且人类具备终其一生学习的能力，能够学习语言，也可以学会某种新的思考模式。只要人类有意愿并有充分的“自我效能信念”，也就是说坚信一切都在自己的掌控之中，人就能做到这些。

我认为“做仁爱之人”对挫折复原力，尤其是挫折复原力的核心要素——情绪掌控力有很大的影响，比如说，自私自利的性格特征对身体就容易造成负面影响。如果我们能做到把注意力从自身移开；不要只看到他人的财富，也要留意到别人的忧虑与困苦；去帮助他人，有时你需要做的也许只是一个微笑——这一切并不难，只是一个个人注意力变化的过程。而此时，我们的自信心会因这种爱和付出而增强，这无疑也是我们自己受到帮助的过程。许多人都有这样的经历，你也可以从自身的情感层面观察到这一点。现在请你回想一下自己曾帮助朋友或者帮助某个素未谋面的陌生人的情况。我指的不是那种期待有所回报的帮助，或是为了让自己看起来更高尚，而是你单纯只想帮助他人的情况。当时你感觉怎么样？请你唤醒一下自己的这段记忆。你发现了？当时，你或许感受到了一种内心的和谐和真正的自信？你所体验到的是内在“一致性”，因为你的所作所为遵从了生而为人的本性——你是一个“人”，你有仁爱精神。

曾任苹果公司首席宣传官的盖伊·川崎（Guy Kawasaki），目前是畅销书作家、也为一些年轻的高科技公司做顾问。他在自己的著作《创业的艺术》（*The Art of the Start*）一书中针对上面的内容做出了极度相似的阐释，让我很欣喜的是，他还私下里把一些参考的原文寄给了我一份。他解释了犹太语中“Mensch”（意为“人”）这个概念的含义，并引用阿里拉·派依拉（Ariela Paiela）女士在网络上的一篇文章，这样写到：

"'Mensch'（意为'人'）是一个意第绪语[1]词汇，意思是'高尚的人'。一个'高尚的人'具有责任感，有是非观念，并被他人所尊重。英语中这一词的含义现在已经演变为'好人'。而'Menschlichkeit'（意为'人性'）在意第绪语中是对'完整的人/正直的人'所具备的特质的总体描述。"

犹太学者利奥·罗斯滕（Leo Rosten），也是《意第绪语的乐趣》（*The Joys of Yiddish*）一书的作者，他这样解释"人"这个概念："'Mensch'（意为'人'）是指那些具有高贵品质并受到人们钦佩与效仿的人。若想成为一位'真正的人'，就要有品行，正直、庄重、有是非观、有责任感，也彬彬有礼。"

如果你现在把以上这些叙述理解为要始终以友善的态度对待身边的人，并以此为最高准则，那你就误解我了。我当然不是要你在一夜之间就彻底改变自己，放弃所有职业生涯的规划，全力地去为这世间的一切奉献自我。我的目的在于，提醒人们把注意力从自己身上移开，不要像我们以往的所作所为那样，仿佛在这个世界上生活的只有我们自己。因为这样的所思所想会引发那些负面的、表现为缺乏挫折复原力的种种情绪。我知道，世界上很多人活得就像只有他们自己生活在这世上一样，这些人应该思考一下，哪怕是快速地看一眼自己的衬衫或者其他衣服，想想有多少人参与到了这件衣服的生产制作过程

① 意第绪语属于日耳曼语族，大部分的使用者是犹太人。

之中，想想那些播种、采收和加工棉花的农民；服装的设计者和缝制者；炼制缝纫机所需钢材的工人；发明这些机器的工程师；售出这些服装的女售货员，想到他们为此所做的努力及其他的一切。

每每讲到这里，都会有人反对我的观点：“可是其他人并不会都像我这样做啊！我如果像你讲的这样做，那我在这个社会中不就会被其他人狠狠地甩在身后，或者是被人利用吗？”我不相信会这样！而且如果你对上述内容没有误解或是片面地理解的话，就更不会这样。在职场中，为了达成自己的想法与目标，人们必须要有直面冲突的准备，不能隐忍退缩，这也是职场生存的法则，就像足球比赛或者其他任意一种比赛的游戏规则一样。比赛时要按规则比拼，当终场结束的哨声吹响时总会有赢家和输家，但是人们仍会彼此握手致意。如果在一个团体中工作却不理解这些，不去捍卫自己的权益与想法，就很难有上升的空间。我们经常会看到有些人抱怨自己的业绩不被认可，或是公司没能慧眼识珠看到他们的潜力。其实这些人往往是自己没有严守游戏规则，比如可能没有做到自己所做工作的透明化，没能很好地捍卫自己，没能为自己的某个想法尽力争取或是承担风险。全力拼搏并不意味着不能为他人奉献，只有另一方面为他人付出才能了真正的平衡。让自己成为一个“高尚的人”，这不仅增大了取得事业成功的可能性，还能增强自己的自信心与同理心。

CHAPTER 5

第五章

乔布斯的挫折复原力如何？

读了这本书，你一定已经看到，为了让自己的人生幸福、满意并获得真正的成功，我们不仅有与他人建立紧密的联系的需求，还要在生活中找到目标、导向并控制这些，注意提高并保护自我价值，体验生活的乐趣和喜悦，感受世界和事物的前后一致性。此外，我们还知道，为了达到这样一种状态，我们必须学会认识并调整自己的情绪，控制内心瞬间萌生出的冲动，分析并找到挫折与成功的原因，培养自身的同理心，给自己设定具有挑战性的目标，相信自我效能，并以现实乐观精神迎接挑战。当我们终于认识到我们能够改变或不能改变哪些事物，并以此为基础更有意义地运用自己拥有的资源，知晓自己的思维方式的优势与劣势，能看到生活中的正面性，并专注地与自己和他人交往，能与工作和生活都建立密切的连接，这样我们就非常有可能获得较强的挫折复原力，成为一位真正成功的人。

那么现在，我将在本书末尾和你一起看一看全世界上最有事业成就的企业家之一的挫折复原力情况。英年早逝的史蒂夫·乔布斯（Steve Jobs）是美国苹果公司（Apple Inc.）——当下全球最成功、最具有价值的企业——的创办人。试想一下，乔布斯的挫折复原力究竟如何？或者说，七大挫折复原力要素在他身上有怎样的体现？人类五种基本心理需求在他内心权重如何？这些问题将带领我们接近本书的尾声，也让我们通过乔布斯这个具体的案例再次总结性地回顾本书的全部内容。

我个人没能有机会与乔布斯认识，十分遗憾，因此我也没有机会让他填写关于挫折复原力的问卷——我们的美国合作伙伴，挫折适应学习系统咨询中心所研发的挫折复原力要素量表——以确定他在挫折复原力各项要素的得分和他的RQ值（挫折复原力指数）（Resilienz quotient）。我个人认为，他应该没有填写过这类问卷。他留给我们的只有前些年公开发行的由沃尔特·艾萨克森（Walter Isaacson）执笔的一部授权传记。通过这本书，我们能对乔布斯的整体性格特征有一个多角度、较全面的了解，因为该书的内容并没有由他自己审定，而且该书中也包含有一些乔布斯生前的“对手”对他的描述。因此，这本传记能使我们对乔布斯观察得相当细致且完整，尤其是对他那独特的、极端的性格特质。

01 乔布斯与七大挫折复原力要素

如上文所述，乔布斯是一个举世闻名的成功企业家，他也是一个很特别，而且性格极端的人。艾萨克森在乔布斯传记的结束部分用“激烈”这个概念来总结对乔布斯性格特征的描述。这样极端的个性也一直是别人提起乔布斯时常说到的，无论了解他或是与他不那么相熟的人，甚至乔布斯自己也谈及过这些。也许，这就是他吸引世人眼光的众多原因之一吧。

比方说，乔布斯极爱发脾气，也常出言不逊贬损别人。而且这并不是偶然事件，而是他的惯常行为，以至于许多员工都对他有些惧怕。但另一方面，乔布斯平时对他人也会大加称赞，把对他人的钦佩用语言表达出来，尤其是对那些拥有他自己所不具备的能力的人，比如对音乐人鲍勃·迪伦（Bob Dylan）或是他另一家公司——皮克斯动画（Pixar）的员工约翰·拉塞特（John Lasseter）。乔布斯对待自己饮食的态度也很极端，他长年吃素，有时甚至一连好几天都不进食。当他得知自己患有胰腺癌时，最初拒绝主治医师为他进行癌细胞切除手术来延长生命，而尝试用素食疗法去抵抗体内的癌细胞。但数月之后，他还是接受了这项外科手术。

乔布斯的极端性格还体现在对“控制”的强烈执着和对完美的过度追求上。他的传记里有许多描述他如何强势介入下属的工作的内容，不仅在产品的规划方面，还包括苹果门店的建筑结构、报告的讲演稿内容，甚至还包括苹果公司的员工办公大楼的建筑装潢他都要插手。现在人们把这种领导方式称为“微管理”（Micro-Management），如果在这种管理风格的企业里工作，通常会被折磨得很惨。但是另一方面，乔布斯在苹果公司所推行的“微管理”却成了该公司后来大获成功的主要原因之一。在乔布斯的传记中有很多让人印象深刻的精彩段落，下面这一段就传神地表现了这位王牌执行官的完美主义作风：乔布斯在手术室中马上要进行手术，而他却对将要戴上的氧气罩的造型很有意见，要求至少提供5种款式的氧气罩供他选择，这让即将手术的医生们很是崩溃。幸好陪在他身边的妻子后来说服了他，他才把氧气罩乖乖戴上。

如果有人表现出像乔布斯这般极端的情绪和行为方式，那么他所具备的七种挫折复原力要素真的应该被好好观察和研究一下，并衡量他的这些心理要素的强度如何。可能你已经读过乔布斯的传记，那么我想请你思考一个问题：乔布斯所具备的挫折复原力要素有哪些超强，是他性格的强项和优势所在？又有哪些要素表现出的程度较差呢？

02 乔布斯较强的挫折复原力要素

如果我们仔细观察乔布斯的每一个挫折复原力要素和这些要素表现出的特征，就会发现乔布斯在以下一些要素方面表现突出，超越了一般人的平均水平。这几个方面分别是“乐观精神”“目标明确性”“自我效能信念”以及“冲动控制力”。下面我们就逐个探究乔布斯的这四项挫折复原力要素：

“乐观精神”就是相信事物会朝积极的方向发展。如果乔布斯没有这种信念，他就不可能开创个人电脑的新时代，也不会在被迫离开苹果公司后创办另外两家新公司——其中之一的皮克斯（Pixar）公司非常成功。他后来重新回到苹果公司，让这家濒临倒闭的公司一跃成为全球最有价值的企业之一。他的乐观精神也表现在一些事情的细节上，比如该在哪个时间点推出哪个新产品。他还能在投入工作时完全忽略现实世界，进入一个自己的想象世界。他的员工把他的这种状态称为“现实扭曲”（Reality Distortion）。他的身心已全部浸润在这种非现实的情境中，然而这些想象的情境在他看来却很真实。乔布斯自身就具有很强的说服力，能让他的工作伙伴在不知不觉中把现实抛诸脑后，进而跟随他投身于这个想象的世界。他是如何做到的呢？他有办法促使他的员工进入到最高效的工作状态，并在常人认为不可能的时间内以最快的速度做完新产品。然而，这样的工作方式有时会让他的员工必须连续工作、不分昼夜，甚至连着几个星期睡在办公室里，最终导致许多人出现工作过度引发的身心耗竭状况。

细心的读者可能已经发现，我在这里使用了“乐观精神”这一概念，而不是我在挫折复原力七大要素中提到的“现实乐观主义”，因为乔布斯并没有显示出这样的特质。乔布斯的乐观精神很极端化，这种特质确实有可能使人在职场上取得成功，乔布斯就是最好的一个案例。但是，如果留意他的事业发展的一些细节过程，就不难发现他也曾多次险些被这种极端乐观精神推向深渊。他曾将自己绝大部分的资产投入到NeXT电脑公司一种新款电脑的研发上，然而它的销售情况一直很糟糕，远不及乔布斯的预想。

“目标明确性”这一挫折复原力要素是指能不断地为自己定下具有挑战性的新目标，并能排除他人干扰奋力追求目标的能力。这一要素也许最能贴切地描述乔布斯的性格特质，因为他总是不断地有新点子，并且一直怀有改变世界的伟大愿景。乔布斯去世后，美国总统奥巴马曾这样追悼乔布斯：“乔布斯是美国历史上最伟大的创新者之一。他勇于独辟蹊径思考问题，敢于相信他可以改变世界，最终他的天赋和才华也助他实现了愿景。”

乔布斯就是通过这样的方式，成功地让很多天赋秉异的人为他效劳。曾有一段逸事是讲乔布斯试图说服前百事公司副总裁约翰·斯卡利（John Sculley）跳槽到他的苹果电脑公司工作，当时他对史考利说：“你想下半辈子卖糖水，还是想能有机会改变世界？”

每个怀有进取心的人应该都会选择后者。乔布斯的传记里说，乔布斯有很强的同理心，他深知如何俘获对方的心，鼓舞对方跟着他一起前进。但我并不认同这种说法，传记中的内容让我觉得乔布斯倒是很有手腕，成功地激发了人们对他本人、他的公司以及他所研发的新产品的热情！

“自我效能信念”这项挫折复原力要素似乎在乔布斯身上也很明显。如若不然，他怎能鼓动别人与他一起来改变这个世界，更何况，人们还得忍受他的臭脾气。在这本传记里我们还会发现，乔布斯有时也会自我质疑，不过这只是偶然情况。由于这样的性格特点，他一向坚信自己能改变一切，这也曾让他一度坚持自己不需要任何医疗救治，只做饮食调整，就可以自己战胜癌症。当他的胰腺癌三度复发时，他甚至拒绝进食，因此体重骤降20多公斤——他的自我效能信念受到了局限。通过乔布斯传记里的许多描述我们还可以看出，每当遇到涉及要他改变个人性格的事情，他都会选择坚持自我。曾有一位员工对他说：“你对别人的羞辱所造成的伤害远比它本可能带来的益处多。”乔布斯虽然在那时立刻向他道歉并表示赞同，但没多久就又发脾气并直接回怼：“我就是这样！”有一次，他的一位亲密友人安迪·赫兹菲尔德（Andy Hertzfeld）向他提出一个关键的问题："你为什么有时那么让人讨厌？"乔布斯当即回答："这就是我，别期待我变成别人！"假设乔布斯将这样极端的"自我效能信念"不仅用在应对外界，也用来针对自身，那么他怎么可能会无法改变自身性格，没有改进呢？

"冲动控制力"是我们能在乔布斯身上看到的最后一个不同于常人的挫折复原力要素。乔布斯的这方面能力是如此特别，同时它也彰显出乔布斯的极端性格。这项心理要素可以理解为以下两个行为特征：首先，面对压力时控制自己行为的能力，不大呼小叫；其次，自律地专注于某一件事，并达到预期目标的能力。从第一个特征角度来观察乔布斯的话，他只能算是入门选手，因为众所周知，乔布斯经常发脾气。我们也要注意到，"冲动控制力"的不足要追溯到"情绪掌控力"的薄弱，在后面的段落中我会谈到。在"冲动控制力"的第二个特征方面乔布斯的表现相当突出，尤其是他对自己以及自己在产品的研发上所展现的高度自律性，他还用这种高标准要求公司的员工。他能排除一切干扰因素，专注于一件事上。艾萨克森在传记里这样写道："他出众的专注力使他可以轻松过滤掉任何他不想面对和处理的事情。这让他在事业上做到了很多突破，但有时也可能反过来伤到他。'他有一种奇特的能力，可以完全忽视自己不想面对的事情。他就是这样。'乔布斯的妻子如是说。不论是婚姻还是家庭，或是商业和技术问题，甚至是涉及健康和癌症，乔布斯都让别人拿他毫无办法。"

我们在这段描述中也能看到，乔布斯的强大控制欲和对细节狂热的追求，这一切特质让他最终创造出令几十亿人趋之若鹜的产品。如果乔布斯没能很好地控制住不断涌现的冲动，被市场上一些昙花一现的创意与新点子分散专注力，他一定无法取得这样的成就。

在乔布斯的传记里我们找到了很多的例子，能明显地看出乔布斯在以上这四项挫折复原力要素方面的突出表现。这种性格特质极不寻常，但就像每一种人类性格，它们不仅能为个体带来正面获益，也会引发负面效应。有光之处必有影。人类的挫折复原力亦是如此。应该说，乔布斯身上较强的挫折复原力要素与另外较弱的三项挫折复原力要素互为补益，也互为制约，从而达到了整体平衡。那么乔布斯身上另外的这三项要素如何呢?

03 乔布斯较弱的挫折复原力要素

当我看到乔布斯身上有一些较强的挫折复原力要素时，我预料到了如下的一些推论：乔布斯在“乐观精神”“目标明确性”“自我效能信念”以及“冲动控制力”这些方面表现得超群，我们也能接受他在“情绪掌控力”“同理心”以及“原因分析力”这三项挫折复原力要素方面表现得较差。具体分析如下：

“同理心”是一种能够和对方感同身受，并根据“共情、同感”来调整自己行为的换位思考能力。《史蒂夫·乔布斯传记》一书中叙述过乔布斯故事的人对乔布斯的“同理心”的评价有很大的差异。一方面，书中很多处都把乔布斯描述为一个很有同理心的人，比如说他是如何做到走进对方的内心，发现对方的长处或弱点，继而驱使他们做出最出色的表现。但另一方面，他也被一些人描述为极不具备同理心的人，他直白、毫无掩饰的表达方式经常深深地伤害他人的自尊心。对此，艾萨克森用简洁的话语这样写道："这让乔布斯充满魅力，他也很会激发他人的灵感，但偶尔也让他看起来像个王八蛋。"

在传记中我们还看到这样一段内容："在一次和苹果公司供应商的会议上，乔布斯因供货不足问题，当场用鄙俗的"三字经"问候对方。而令人惊讶的是，负责该项目的团队面对乔布斯的羞辱报之以幽默的回应，他们很快就处理好了供货问题，还给自己印制了带有"FDA-Team" Logo的夹克衫来调侃自己。"

那么乔布斯的"同理心"究竟如何呢？让我们先来看一下美国心理学家亚瑟·乔拉米卡利（Arthur Ciaramicoli）对"同理心"给出的定义。"同理心"分为"真正的同理心"和"带有目的性的同理心"两种。"真正的同理心"就是本书所讨论和前文所描述的"同理心"，是挫折复原力的组成要素；而"带有目的性的同理心"并非基于同感和共情，而是出于达成自己某种或多种，有时甚至是利用的目的。乔布斯很清楚，想让他的员工和供应商做出最好的表现，他该"按下哪些按钮"，他也充分运用了他这一生都享有的光环效应。他并不是一个会为了了解顾客需求而进行市场调研的人，他的观点是，顾客并不清楚自己真正需要什么。对待身边的绝大多数人，比如自己公司的员工和私人生活领域的朋友，乔布斯也都是这样的处理方式。作为一个被收养的孩子，成长的经历似乎给乔布斯带来不少痛苦。但有着这样的身份和经历的他，当他得知与第一个女儿有生物学父女关系之后，为何还会在最初那几年不愿承认那是他的亲生女儿？一个有着真正同理心的人或许不会这样行事。如果通过乔布斯的相关资料提出假设：乔布斯是一个具有“真正的同理心”，能设身处地替别人着想的人——这样的推断我认为并不成立。

那些具有较强“原因分析力”的人会愿意花些时间去彻底地、详细地分析失败或成功的原因，并以此得出结论——对原因的分析结果无非是自身原因或外部原因这两种。我们在本书关于提升挫折复原力技巧“爱它、改变它、离开它”这部分详细讨论过，它也是拥有强大挫折复原力的人的特点之一。但乔布斯却不具备这种能力。他虽然花了很多时间和董事会或公司的百名顶尖专业人才开会讨论新产品的研发和试验，但实际上，他是个彻头彻尾的极度依赖自己感觉和直觉的人。然而，这也成了他的一个优势所在，因为他的直觉、感觉与愿景往往都是正确的。正因如此，他无法接受只是通过PowerPoint来介绍一项企划方案，他必须要拿到真的产品样机才行。

乔布斯凭借着自己很强的直觉通常都做出了正确的决定，但也难免会偶尔失手。由苹果公司首席设计官乔纳森·伊夫（Sir Jonathan Paul Ive，别名Jony Ive）领导的设计部，是乔布斯生前常常到访，似乎也非常喜欢坐一坐的一个部门。艾萨克森在乔布斯的传记中也对这个部门做了详细的介绍。以伊夫为核心的设计部针对乔布斯的个人风格调整了他们的工作方式，不断地在生产线上做出研发的新产品样机，以便乔布斯更容易地决定是否生产该样机产品。乔布斯与伊夫这样的合作方式很绝妙，因为现实中的顾客往往只需几秒钟的时间便能决定自己是否要购买这款产品，他们的反应和决定过程跟乔布斯做出决定的机制刚好吻合。可见，乔布斯虽不善于原因分析，但他个人的这个弱点却给他的公司带来很多获益。

然而，这一性格上的缺点再次影响到了乔布斯自身。每当一项产品获得成功时，他毫无意外地会掉进本书前面提到过的“思维陷阱”中，把成功归因于自我因素（“我”）。“这是我的主意，我真是个天才！”而当遭遇挫败时，他会把失败归因于没有能力的员工、愚蠢的客户、别家公司的剽窃或模仿、无能的供应商、没有能力的医生，以及其他外在因素（“非我”）。乔布斯私人生活中的一件事就很值得注意：他因患胰腺癌不得不多次接受手术治疗。有一次，医生建议他在全身麻醉手术前抽空胃里的食物，然而乔布斯凭借自己过度的自我效能信念断然拒绝。这导致他在手术中将一些胃里的食物吸入了呼吸道，严重的吸入性肺炎让他差点丧命。对于这次意外，他居然这样评价：“在这个例行手术中，我差点因为他们（指医生）的错误操作送了命……好在我还是挺过来了！”

在这件事上，我们丝毫看不到乔布斯有任何自我批评的迹象。每次遇到挫败，他绝不会归因于自身，而都是一套“错不在我”的思维方式。

就像前面谈到的，乔布斯这种思维方式最大的好处，也真的就只是保护自我价值感。其害处是无法自我成长，而且常会损害到他人的自我价值感。在苹果公司的设计部门发生这样的事情，一点儿都不让人意外。乔布斯几乎从未公开褒奖过设计部门的工作，成功的桂冠都是乔布斯独占，这让设计部门的员工很是不满，连一向被公认为最随和的设计部主管伊夫也对此不太开心，他曾这样表达对乔布斯的看法：“他是一个非常敏感的人，这也正是他的粗鲁行为让人无法理解的原因。一个比较大条、迟钝的人会粗俗地对待他人，这我能理解，但生性敏感的人怎么会这样呢？有一次我问他，他为什么总像吃了枪药一样？他立刻辩解道：‘我又不会发火很久。’他就像个孩子，会为某件事特别激动，但也忘得快。但是有时候我觉得，若是他真的因为某件事受到了打击，他释放自我的方式可能就是对其他人发泄。不仅如此，在我看来，他还觉得自己这样做无可厚非。他并不认为自己要注意一般的社会交际规范。”

在本书的开始部分我曾谈到，“情绪掌控力”这项挫折复原力要素描述了我们生活中两个方面。一方面，它是我们在压力情况下感知情绪，掌控情绪以控制其不爆发出来的能力；另一方面，它是我们构建自己的生活，让自己满意、幸福的能力。通过乔布斯的传记我们可以看到，乔布斯终其一生都没能在这两方面得到平静。他在第一方面，即不同情境下对自己情绪的掌控，好像在他的一生中都表现得不明显，他也从没认真地去尝试控制自己的情绪。有时他会失去控制，将陌生人痛骂一顿并推卸责任。而另一方面，他也会因失望而难以自控突然落泪。愤怒与哀伤的转换有时只有数分钟的间隔。我们看到的是一个深深受制于自身强烈情感的乔布斯，也是一个用自身强烈情感去控制他人的乔布斯。艾萨克森在书中这样写：“很遗憾，乔布斯的参禅学习没能给他带来禅宗应有的内在平静与安宁——这也是他遗愿的一部分。”

至于“情绪掌控力”这项挫折复原力要素所影响的第二个方面在

乔布斯的生活中表现如何，我在阅读他的传记的过程中有一些自己的感悟，但我不想在这里妄加评价。毕竟乔布斯生活得是否真的幸福，只有他本人才可以评判。在他的传记中有这样一段话："我有让我快乐的事业成就，也有幸福的生活。我完成了所有我能做的。"

阅读那本传记，我们会获得一个整体印象和整体观感，书中描绘的这个主人公因他的饮食方式过着一种清苦的生活；总在与别人发生冲突，和那些本不该有所期待的人较劲，比如餐厅服务生、售货员、宾馆大堂接待员；他有些不近人情，会颐指气使；让他去原谅别人的过错，是极其艰难的事；他一直被什么驱使着。无论如何，整本传记的内容都无法让人觉得这是一个幸福的、满足的、内心平衡的人在设计自己的人生。传记中也确实只有比较少的片段会让人觉得他是满足地在享受生活。在一些我们看来成功的时刻，他并没有表现出幸福。相反地，一旦这些工作没有顺利完成，他就又会回到负面情绪的状态中，不是愤怒，绝望就是悲伤。

在别人看来，乔布斯更像一个被自我需求驱使的人，一个闲不下来的人。只要他不是在新产品的研发过程中，他就不停地要把自己和别人作比较，比如，他的竞争对手微软公司创始人比尔·盖茨（Bill Gates）。或许传记中乔布斯说的那一句话就道出了乔布斯一生的幸福所在——因为他说到自己幸福，首先提到的是事业成就，而后才讲到幸福的生活。

04 乔布斯与五项人类基本心理需求

通过本书前面章节的讨论我们已经知道，挫折复原力的七个组成要素是一个人能否满足其基本心理需求的前提条件。如果一个人的“同理心”或“情绪掌控力”不足，要想让自己与他人建立人际关系纽带就很难。因为在他们的挫折复原力要素基础上，他们很难真的体会别人的感受和想法，也难以用恰当的行为去回应别人的感受。同理，如果一个人只能悲观地面对一切，没有现实乐观主义精神，而且不相信自己在未来的表现，那么他的自我价值提升的需求就难以满足。这很容易导致一种消极的态度，“一切都没有意义，然而我也无法改变这一切”。毫无悬念，这种态度会影响到我们自己的价值观。

在传记中，乔布斯被认为在五项人类基本心理需求方面都有着极端化的倾向。对于“导向和控制”“自我价值提升”以及“一致性”这几种需求，他都做出一些尽可能去接近和满足心理需求的行为。我们都知道乔布斯是一个特别想掌控一切的人。正因如此，从乔布斯推出苹果公司第一代麦金塔电脑（Macintosh，简称Mac）以来，你就不会看到任何一款苹果产品是消费者能自行拆机，或者说不需要额外的专门工具就能拆机的。乔布斯无法接受他做出的产品被顾客擅自更改设计。

乔布斯也非常渴望提升自我价值，希望自己能与众不同。他想改变世界的初衷，他很享受在千万人面前出场的感觉，甚至把伙伴和员工的功绩全部划入自己麾下，这些都是他渴望自我价值提升的表现。杰夫·拉斯金（Jef Raskin）是苹果公司非常重要的产品研发工程师，他曾写信给当时苹果公司的首席执行官迈克·史考特（Mike Scott）抱怨乔布斯："作为经理，他做得糟糕透顶……我其实很喜欢史蒂夫（乔布斯），但我实在无法在他的手下工作……乔布斯经常忘记与别人约定好的时间，这已经成为公司内部流传的笑柄……他的行为往往不加思考，而且缺乏判断力……把别人的创意据为己有……他常攻击工作伙伴提出的建议毫无价值、愚蠢至极，甚至说别人在浪费他的时间。但如果他听到一个很不错的想法，就会立刻到处谈起，好像那是他提出来的点子……这是很糟糕的管理模式，我完全无法认同他的这些作为。"

不仅如此，乔布斯身边的人都再清楚不过，乔布斯认为"所有人都要尊重我和我的想法"。如果他觉得自己没有受到尊重，就会用愤怒来回应。他常感到自己的权益已经或者是可能受到损害。

一个人对自我价值提升有如此迫切的渴望往往都源自过往经历中

自卑的体验，这让我们不得不再次推测，乔布斯的自卑感从何而来。或许乔布斯童年时被收养的经历是决定性的因素。乔布斯自己曾说过，他还能清楚地回忆起那是在一天下午，他也就六七岁的样子，邻居的一个小女孩告诉他，他是个被收养的孩子。那个小女孩当时很幼稚地问他，是不是他的爸妈不愿意要他了？这句话对乔布斯来说简直像是惊雷一般，让他瞬间大哭起来。乔布斯非常反对别人提出这样的假设，无论是了解他的人也好，还是他自己喜欢的人。安迪·赫兹菲尔德（Andy Hertzfeld）在乔布斯的传记中有过这样的表述："乔布斯的核心问题在于，他为什么没法控制自己的情绪，对有些人特别粗鲁并横加伤害？这要归因于他出生时父母的离开。乔布斯一生无法释怀的一个心结就是他刚出生就被父母遗弃的这个事实。"

为此，乔布斯曾请侦探调查自己的亲生父母的下落，他也成功地找寻到了他们。然而，乔布斯只跟生母和亲生妹妹约见过，他终生都拒绝与他的亲生父亲相认。他曾说过的一句话揭示了童年的这段经历对他以后生活的重大影响，尽管他始终否认自己因被遗弃而有过心理创伤："或许因为我知道自己是被领养的，所以我更加独立一些。但是我从来没觉得自己是被遗弃的。我一直感觉自己很与众不同，我的养父母也总是给我传递这样的信息：我很特别。"

请你回忆一下本书关于自我价值主题的阐述，根据奥地利精神病学家、"个体心理学"创始人阿尔弗雷德·阿德勒（Alfred Adler）的观点，"感到自己与众不同"这样的想法或信念难道不是自卑感或自卑情结的反映吗？你是否也会这样，发自内心认为自己与众不同？如果一个人真的与众不同，那这又意味着什么呢？

最后，我要说乔布斯还对事物的前后“连贯性”与“一致性”有着强烈的渴望，这种倾向通过他的完美主义反映得淋漓尽致。这种完美主义贯穿并影响着乔布斯的事业与个人生活，让他在事业上取得了很大的成就。由乔布斯掌管的皮克斯（Pixar）动画公司制作出了许多深受观众喜爱并且获得众多奖项的精彩动画片，比如《玩具总动员》（*Toy Story*）；掌管苹果公司期间，乔布斯还推出了让亿万人为之狂热的苹果手机（iPhone）。

再来看一看目前还没有谈及的乔布斯另外两种基本心理需求：“人际关系需求”和“趋乐避苦”的需求。从一些资料中我们能推导出这样一个结论，乔布斯有忽略和回避这两种心理需求的倾向，这也是他的自我保护行为。乔布斯几乎没有表现出任何一种行为是为了实现他自己追求享乐或是与他人建立亲密关系的目的。我们都知道，这样的一种忽略——而非趋近式的举动，在绝大多数情况下都是为了保护这种需求。而且，乔布斯被收养的经历很有可能让他想要通过避免与他人建立紧密关系来保护自己，让自己不再因“失去”而在这方面受到伤害。

像在“融化心中的冰山”那一节中讲到的，一种心理需求没有得到满足而导致的内心不平衡会以某种“态度”的形式表现出来。如果人际关系需求没有被满足就可能会有“我有责任让所有人都满意”“我能做的最好的事，就是为他人牺牲奉献”这样的想法，又或者持完全相反的态度，比如“我不在乎别人怎么看我”。后面的这种态度很明显将会让人刻意与他人保持距离，并自我保护。在趋乐避苦这种需求方面的不被满足也通常会引发两种极端态度。有人会表现出“只有辛苦工作才有用”的态度，或是与之截然相反的想法——“生活应该充满乐趣”。

乔布斯是否内心平衡？你怎么看？如果答案是否定的，他更趋近于哪一个极端？你一定已经明白，乔布斯是这样的一个人：他似乎完全不在乎别人对他自己和他行事风格的看法，他对工作有非常强的责任感，但在饮食方面他却欲望寡淡。总之，这两种态度都构成了他独特性格特征的重要组成部分。

乔布斯从不会把“我要支持所有人”作为自己行为的信条，而是恰恰相反。因此，他也不像许多富豪那样为了把自己获得的财富拿出一部分回馈社会而投身于社会慈善事业。他一直以来也都在嘲笑自己的老对头——微软公司的比尔·盖茨（Bill Gates）和他基金会的那些仁爱善举。

05 来自心理教练的建议

具有强大挫折复原力的人拥有哪些性格特质呢？针对这个问题，史蒂夫·乔布斯是一个极佳的说明案例。如果用常见的挫折复原力的普遍定义来看，具有强大挫折复原力的人能很快地走出挫折和失败的困境，那么乔布斯无疑是挫折复原力极强的人。这在乔布斯人生中的每一个阶段都有所表现，他既没有被事业上的挫折打击到，也没有因得了癌症而失去勇气，他很快就让自己恢复状态并继续前行。如果我们用具有强大挫折复原力的人都会取得更多的事业成就这个特征来衡量，那么乔布斯也一样被认为具有强大的挫折复原力。因为他取得的事业成就是前人无可比拟的。然而，挫折复原力显然意味着更多，绝不仅仅是内心的强韧与成就，也正因如此，乔布斯更是挫折复原力研究的一个绝佳案例。

乔布斯是一个内心极度不平衡的人，他深受自己心理需求的驱使，想控制一切，提升自我价值，想要与众不同，并追求一致性、连贯性和完美。为了全力追逐自己的这些心理需求，他似乎只能无视他人的看法和感受，严格自律，剥夺自己的生活乐趣，忽视与他人建立人际关系的需求。能长时间地跟乔布斯相处、共事的人似乎只有两种类型：要么是那些崇拜他，认为他是绝世天才的人；要么是那些本身具有强大挫折复原力又可以企及乔布斯高度的人。他们拥有很强的执行力，同时具有真正的同理心。一方面他们将乔布斯视为极有天赋和预见性的商业策略谋划者与市场营销天才；另一方面又能在重要时刻直言不讳地向乔布斯提出反对意见，也只有这些人乔布斯才会真正尊重他们。艾萨克森在传记中这样描写乔布斯的妻子以及其他在乔布斯身边的人："乔布斯的妻子劳伦娜·鲍威尔（Laurene Powell）聪明、体贴，给乔布斯的生活带来稳定感，这也是乔布斯过人天赋的例证——乔布斯让自己身边围绕一些意志坚定且敏感的人，以此来平衡他的那些自私自利的情绪冲动。"

迪士尼公司当时的首席运营官罗伯特·艾格（Robert Allen Iger）也是这样的一个人。当乔布斯与时任迪士尼公司首席执行官迈克尔·艾斯纳（Michael Eisner）因皮克斯动画公司发生严重冲突时，艾格在其中游说调停。艾萨克森这样描述艾格的性格（亲爱的读者，这里请你自己注意思考这些内容所涉及的一些挫折复原力要素）："为了控制亏损，迪士尼当时的首席运营官艾格必须介入冲突加以干涉。当身边所有人都气急败坏，艾格却一直保持安静和冷静。艾格是典型的经理人，他谙熟企业管理，对人才别具慧眼，他幽默，能换位思考也足够自信，且很低调不会吹嘘自己的才干和能力。与艾斯纳及乔布斯大不相同，艾格冷静、自制，这十分有益于他与膨胀的自我中心者打交道。”

乔布斯这样评价艾格：“所以我喜欢罗伯特·艾格。”

乔布斯对他的对手，迪斯尼公司迈克尔·艾斯纳（Michael Eisner）的描述能让我们更加深入地了解乔布斯的性格，因为他所描述的艾斯纳显然更像他自己。借此，我们还同样能看到乔布斯十分有限的自我反省能力，然而他对此并不自知。

“艾斯纳真的有很棒的创意头脑，他总能给人灵感和启发。在法兰克·威尔斯（Frank Wells）负责迪士尼的运营业务时，艾斯纳曾像一只勤劳的大黄蜂从这边忙到那边，总能想到更好的办法……但现在没人愿意跟艾斯纳共事……但是他也有阴暗的一面。他的自我中心主义占了上风。开始时，艾斯纳还很理性地对待我，但是和他相处这些年之后，我认识到了他阴暗的一面。”

如果我们相信乔布斯传记中这些人的描述，那我们其实可以在这段话中将艾斯纳的名字替换成乔布斯。艾格对这些十分清楚。或许是凭借着自己很强的挫折复原力，艾格后来得以顺利地和乔布斯达成合作，并终止乔布斯与艾斯纳之间的争执。

假如现在乔布斯真心地想要提升自我并向你请教，那么作为教练的你会给他什么建议？他可以做哪些尝试？如果我们复习前面介绍过的那些提升挫折复原力的技巧，我们就会得到答案。

作为一名心理培训师，我认为乔布斯要做的第一件事就是认清自己那些棘手的性格特征与行为方式。然而，这样清晰、明确的认识总是短暂即逝。比如，在传记结尾有乔布斯自述的这样一句话："我有时对人很严厉，或许我是过于严苛了，实际本不用这样。"我们可以以此为基础来思考这些行为的原由，或许可以得出如下结论：他强烈的"自我价值提升"愿望源自于被收养的经历。可能乔布斯会在接受心理咨询与辅导的过程中认识到自己因某些心理需求未获满足，而表现出内心的不平衡状态，也看到他自己因此而采取的极端追求和刻意忽视的行为。或许他会在这种认识的基础上，为自己设定一些新目标。比方说，也许他会更尊重别人的自我价值，或者他不再把其他人只当作工具。这样的话，在别人眼中他就不再是只看到自己的伟大而忽视他人成绩的人。再比如，多让自己享受生活，而不再是屈从于工作，建立起一些更伟大的"与生活的连接"。要注意与他人建立真正的人际关系，在工作范围之外发展并保持这份友谊，这种关系。

在乔布斯眼中，他的小女儿非常像他自己，他曾这样描述小女儿，这段描述也好似乔布斯给自己的一个重要建议："她真是非常优秀，无人能及，也是我见过的最意志刚强的孩子……她就像上天给我恩赐……这孩子比很多人认为的还要敏感……她是那样的聪明，能碾压一些同龄孩子，但这也意味着她可能会被人疏远，然后发现自己独自一人，有点孤单。她正在学习如何做她自己，但她也必须磨去一些棱角，这样才能交到自己需要的朋友。"

以上这些难道不是特别好又有意义的训练吗？乔布斯应该也会愿意接受。如果乔布斯能在刚刚这样分析的基础上增强自己那些相对较弱的挫折复原力要素，那他不就可以平衡他的极端个性，满足自己对“控制”与“导向”，以及“自我价值提升”和追求完美的需求了吗？

为了能达到以上目标，他应该会意识到自己在哪些挫折复原力要素方面有不同寻常的优势，并有意识地继续去运用它们。比如，他可能会意识到自己在“自我效能信念”这个挫折复原力要素方面表现非常突出，而将这种自我效能信念应用在改变自我上，而不是再倔强地摆出一副“我就是这样”的姿态；或许他还能意识到自己在“同理心”和“情绪掌控力”这两个挫折复原力要素方面要着重改善，那么他就可以通过实践上述提升挫折复原力的技巧来实现目标；同样地，他或许还可以学会有意识地去感知自己的情绪，发现那个让他产生这种情绪的态度和观点；既然他已经为了提升自我尝试了这么多，那么他也可以更频繁地练习冥想，来调控自己的情绪；除了“与工作的连接”，或许他还可以建立起“与生活在其他方面的紧密连接”，加入更多的社会群体，不断丰富自己的精神世界；或许他也可以学习比尔·盖茨（Bill Gates）和他的基金会为防治疟疾所做出的努力，或像本书前文所描述的那样，让自己更富有仁爱精神，将原来只盯着自己的注意力放在更需要帮助的人身上。

乔布斯遇到过这样的一个境况，他收到重回苹果的邀约时，正在自己经营得非常成功、市值数十亿美元的皮克斯动画（Pixar）任首席执行官。或许在这一点上他非常清楚，什么对他来说才是最适合的，他自己决定，也只有他会做出这样的决定，同时在这两大公司工作。虽然，后来他说这是让他得了癌症的原因：“那时，我们刚刚让皮克斯动画上市，做皮克斯的执行官我很开心也很满意。我没听说过谁同时担任两家上市公司的执行官，即便是暂时性地任职也没有，这是否合法我也不是很确定。我想不清楚应该怎样做，也不知道自己想怎么做。其实我很爱花较多的时间陪家人。但是当时我被来回拉扯，很是为难。我知道，苹果公司当时深陷危机，于是我问自己：我要放弃这种舒适的生活吗？皮克斯的所有股东对此会怎么看？然后我去找了一些我很尊敬的人，想听他们的建议。某个星期六的早晨8点左右，我拨通了安迪·葛洛夫（Andy Grove）（英特尔公司的创办人之一）的电话，我打得太早了。我跟他讲了讲正反两方面因素，他听到一半却打断我说：'史蒂夫，苹果怎样我并不在乎！'我当下惊呆了，那时我才意识到，苹果对我来说却并不是无所谓！这家公司由我创建，现在它也有自己的一席之地。我心意已决，我要重回苹果，并协助公司找到合适的执行官候选人。"

乔布斯的回归让苹果公司给全世界的用户带来了iPod、MacBook、iTune和iPone这些优秀的电子产品。如果没有乔布斯的天才眼光和能力，这类电子产品绝不可能以现在的样式呈现，又或者苹果公司早就不存在了！人们都看到他的力挽狂澜和天才成就，乔布斯自己却说："可能就在那时我开始患上了癌症，因为当时我的免疫力变差了很多。"

在本章的最后，让我们来做一下总结。每一个挫折复原力要素都对一个人的职场成就方面有极大的影响和推动作用。乔布斯和他的经历是一个很好却又有些极端的例证。通过乔布斯的生活经历，我们可以看到，每一个挫折复原力要素也同样会有负面效应，这就需要其他挫折复原力要素来与之协调和均衡。在这方面，平衡原则有着重要的意义。

我深信，乔布斯若是能在生前努力增强自己较弱的几项挫折复原力要素，他依旧可以持有那几个较强的挫折复原力要素，也仍能取得事业上的极高成就。或许会有些许差异出现，但是总体来看，结果会基本一样。再多一点“同理心”“情绪控制力”和更好的“原因分析力”，不仅乔布斯的企业，就连乔布斯本人也会从中获益、获得成长，有更好的发展。几乎没有谁会像乔布斯一样，每当取得胜利就采取极端的“我，全部，永远”的思维方式，把成功的原因归功自己；但当面对失败时，他却不反省自我，采取同样极端的“非我，并非全部，并非总是”的思维方式。这样的思维模式确实可以避免我们意志消沉和自我怀疑，但这如同前面的章节所说，会阻碍一个人的个人发展。

希望通过这本书，你至少已经学会重要的一点：有一个因素以一种很特别的方式决定了我们的挫折复原力和我们的满意度，那就是我们的思维方式。由此看来，乔布斯重掌苹果公司后，选用“不同凡响”（Think different）这一口号来表达公司的核心价值理念就不是偶然。盖伊·川崎（Guy Kawasaki）还曾调侃这条广告语像一句咒语。就是这样的一句话，让我不止一次发自内心地期盼自己也能拥有这样的思维模式！

CHAPTER 5

第六章

不写结语，说说我的祝愿

在本书的末尾，我该说些什么呢？我不禁想起以前工作时，曾让我思考许久的一段经历。这也会为德国国家橄榄球七人队队长穆斯塔法·君格（Mustafa Güngör）在序言中所讲的有关挫折复原力的一些介绍性思想画上一个完满的句号。

有一次，我在为一家国际金融集团做心理训练培训，在一个较长的休息时间，一位女学员过来找我，向我请教有关她女儿的问题。她很急切地想知道，怎样做能既提高自己挫折复原力，也同时提高她女儿的挫折复原力。由于我并不知道这个问题背后的前因后果，所以我请她跟我详细描述一下情况。她对我说，她把她8岁的女儿送进了一所学费高昂的精英小学读书，希望这样能为女儿未来的发展打下良好的基础。但她的女儿回家后总是跟她说，其他孩子都比她会得多，也会比她学得更快，他们都比她优秀很多。听完了女儿的话，她感到很担忧。

我并非专业的教育心理学者，因此面对这样的情况我真的有些束手无策。我问她，她的女儿是否因为她的高期望而有很重的精神负担？比如她会不会因此睡不好？恐惧上学？或是改变了曾有的言行？这位母亲接下去说，情况不是这样的，她的女儿一如既往地还是很开心，喜欢上学，也会玩得很多，其他并没有什么特别。后来，我们发现，令人担忧的并不是这个女孩，问题在于这位母亲是否为女儿做了正确的选择？孩子还这么小，就将她置于这样的竞争压力下，难道不是个错误吗？这位母亲的初衷当然是值得肯定的，但她却并不十分清楚让女儿在这样的学校学习是否真能给孩子带来益处，能否让孩子真的开心快乐。

对于这些问题，我当时能给出的建议是：继续观察女儿的发展，也要试着不让自己的担忧真的转嫁到孩子身上，在情绪管理方面给孩子做出一个榜样。我还告诉她，应该让孩子有机会知道，除了学业成绩和成功之外还有其他美德一样的重要，值得去学习培养，比如同理心、仁爱精神，以及对他人的支持。当时这位母亲流下了眼泪，因为我所说的这些似乎指出了问题的核心所在。与此同时，这个案例让我陷入沉思并让我认识到，对于今天的家长来说，较早给孩子教授面对学业成绩压力的方法，并提升父母自身的挫折复原力是多么的重要。所以在此处，本书的末尾，我想写下对你和其他人的期许与祝愿。

我希望，我们能给孩子他们该获得的爱，满足他们“人际关系纽带”的需求；但也让他们能有自己独处的片刻时间，这同样珍贵；通过这样两种过程，让孩子的仁爱精神和独立自主性得到强化和提高。我希望，我们能让孩子们通过游戏自行发现“自我强项”与乐趣所在，并满足他们“趋乐避苦”的需求；但同时也告诉他们，毫无乐趣也是生活的一部分，也是人生中的任务，在了无兴趣的情况下也依旧要从容冷静地、有尊严地、带有信心地去应对。我希望，我们能称赞孩子做得好的方面，满足他们“自我价值提升”的需求；但遇到我们打骂他们，或是过度保护，让他们觉得依靠自己的能力无法面对人生的种种挑战时，我希望，我们能向孩子解释这个世界，给予他们支持以解决问题，并帮助他们寻找自己真正想要追求的东西，让他们“导向与控制”的需求得到满足。我希望，我们的孩子能学习面对并处理他们所拥有的“自由”。我希望，我们的言行能成为孩子的榜样，能让孩子认为身为家长的我们值得他们尊敬。我们要向他们解释人与人共处的行为准则，满足他们对事物的“连贯性”和“一致性”的心理需求。

如果我们真的能做到这些，在这个过程中孩子们的“同理心”和解决问题的能力就会得到发展，他们会为自己设立目标，并自律地去追逐这些目标，他们将学会掌控自己的情绪与冲动，从而很好地与他人相处、共生，他们会相信自己可以独立完成一些人生课题，并会在生活中收获乐趣、喜悦和许多欢笑，更会以乐观的精神来接受生活带来的种种挑战。总之，他们将会拥有强大的挫折复原力。

这，也是我对你的祝福。